日本を彩る香りの記憶

内野 花

HANDAI Livre 068
大阪大学出版会

はしがき

――はるか彼方の沖合で雷鳴がとどろき、まばゆいばかりの光が満ちあふれる。
その光に導かれ、波に乗って「香り」がやってきた――

日本の歴史書に記された沈水香（沈香）の漂着は、今も昔も変わらない、日本人の香り好きを伝えています。大人がやっと抱《かか》えられるほど大きな大きな香木が波に乗って漂ってくる。しかもその香木は、神々がこの世に最初に創造された島として描かれている淡路島に漂着しました。この、とてもドラマティックな設定は、香りの持つ不思議な力を、雄弁に物語っています。

ときに秘めやかに、ときに力強く、ときに保守的、ときに革新的と、香りの姿は変幻自在といえましょう。香りはひとを魅惑し、大きな波のうねりのように、私たちの生活を左右することすらあります。みなさんも、香りに惹かれ、安らぎを覚えると同時に恋い焦がれ、あらがえない狂おしいほどの想いを抱《いだ》かれた経験をお持ちではないでしょうか。

古来、人々は香りを追い求め、また、衝《つ》き動かされながら、現代の私たちにつづく豊かな香りを紡《つむ》いできました。甘くかぐわしい香り、苦々《にがにが》しい香り、心が浮きたつ香り、安心する香り、かなしい香り、うれしい香り、思わず吹き出してしまうような滑稽な香り……そして、香りはイメージとともに、私たちの心に記憶されていきます。

人々はどのように、香りを受けとめていたのでしょうか。宗教に端《たん》を発し、一部のごく少数の限られた人々のあいだでだけたのしまれていた時代、さまざまな香材を組み合わせたり、香りの教科書ともいうべき書物が作成されたりと、香りは貴族の華やかな日々の生活を彩る、無くてはならないものでした。また、季節や心情、はてはその人の教養を推《お》しはかるバロメーターとしても、香りは機能していました。しかし、争いが増え、武士が勢力を強めていくにつれ、それまでの社会規範の箍《たが》がはずれ、白だったものが次の瞬間には黒に変わるという時代になると、争いから離れた寂《じゃくじょう》静な精神世界にあこがれや理想を抱《いだ》く世の中に呼応するように、香りも組み合わせをたのしむのではなく、香木そのものを愛《め》でるシンプルな形に回帰していきました。やがて戦乱が明けて太平の時代に戻ると、香木の世界はさらに大きく身分を越えたひろがりをみせました。高価な香木、希少な香木へと人々を駆りたてていき、香木に因《ちな》んだ隠語までも作られていきました。そして、西洋文化が流入するや、今度はそれまでとは一線を画《かく》する新たな香り、周囲に力強く拡散するような西洋の香りが、日本を席巻《せっけん》していったのです。

祈りや美意識、生命の輝きをとおして、さまざまに日本の歴史に刻まれてきた香り。そんな香りの記憶を、文字でたどってみたいと思います。

目次

一、祈りの香り

イメージの記憶

みなさんはどんな香りがお好きですか。また、どんな香りに安らぎを覚えられますか。
淹《い》れたてのお茶やコーヒーの香り。炊きたてのごはんやパンの匂い。せっけんの香り。
花や木の香り。柑橘《かんきつ》系の香り。森林の香り。潮《しお》の香り。雨の匂い。
陽だまりの匂い。ふかふかに干した布団の匂い。
家族や家の匂い。大切なひとの匂い。職場や学校の匂い。
旅先の匂い。ふるさとの匂い。特定の時間帯・季節の匂い。出会いや別れの匂い。

それとも、やっぱり、香《こう》や香水でしょうか。

香りは、どんなものにも、どこにでもあります。私たちの身のまわりに溢《あふ》れている香り。
心に香りが残るとき、人々は個々のイメージとともに記憶します。概念として言葉で記憶するというより、イメージで捉えた香りを心のなかの砂場《すなば》に描《えが》いていきます。風紋《ふうもん》のように砂のうえに描かれた香りの記憶は、同じ香りが現れるまで、風に吹かれて少しずつ薄れていきます。しかし、ひとたび同じ香りにめぐり逢うと、颯爽《さっそう》と風が吹きぬけ、古い風紋の上に新しい風紋が描かれていくように、香りの記憶は甦《よみが》えるのです。

さまざまな香りの記憶のなかには、もちろん、文字で残されたものもあります。そのイメージは言葉に変換され、文字という媒体で残されているためでしょうか、残念ながら、そこから読みとれる香りのイメージはそれを実際に体験した方のイメージとはいささか、もしくは、かなり大幅に違っていることが時としてあります。しかし、そのぶん、私たちは想像力というすてきな能力を発揮して香りのイメージを膨《ふく》らませ、まるで私たちがいま、その香りを体験しているかのような、未知の香りの記憶を追体験《ついたいけん》する旅に出ることができるのです。

沈水香《じんすいこう》の漂着

どの国の歴史もそうですが、日本の歴史をひもとくと、人々の香りの記憶がたくさん書きとめられています。わが国最初の香りの記憶は、香木にまつわるものでした。五五三年、

図1 じんこう（沈香）
写真右は市販されている香木で左の色の濃いほうが伽羅、右が沈香。写真左は原木となる木が開花した様子。（いずれも撮影・著者）

河内《かわち》国（現大阪府）の泉郡の沖合で、香木が見つかったのです。『日本書紀』巻十九の欽明《きんめい》天皇十四年夏五月[1]の記述によると、雷《いかずち》のような轟音《ごうおん》とともに、太陽のようなまばゆい光があたりを照《て》らしました。使者を派遣して調べに行かせたところ、樟《くすのき》が波間に漂っており、欽明天皇はその樟から二体の仏像を彫刻させ、吉野寺に安置されたとあります。「樟」といっても、ピンとこない方もいらっしゃるでしょう、「樟脳《しょうのう》[2]」と言えばおわかりでしょうか。着物や人形の収納にはかかせない、メントールと同じく、鼻の奥をつんと刺すような香りです。近年はあまり使われなくなりましたが、以前は衣《ころも》替《が》えの季節になると、よく街中で香っていました。冷暖房技術が発達し、衣替えという概念そのものがほぼ皆無《かいむ》になった現在では、香りで衣替えを感じることもなくなってしまいましたけれど。

次の香木がやってきた（というより漂着した）のは

五九五年で、その時の情景はとてもドラマティックでした。やってきた香木はなんと、現在ではワシントン条約[3]で希少な香木として国際取引が規制されているアガーウッド、つまり沈香《じんこう》（沈水《じんすい》）でした。

　沈香といえば有名な香木ですが、どうやってできるものか、ご存知ですか。ジンチョウゲ科アクイラリア属の常緑樹（図1）などは、風雨や害虫、病気、または人為《じんい》的な理由で自身の木部《もくぶ》に傷ができ、真菌《しんきん》（カビ）が侵入してくると、その真菌を撃退するために樹脂を分泌します。人間も風邪をひいたり怪我をしたりして、細菌やウイルスに感染すると、その悪者《わるもの》を排除しようと免疫反応がおき、細菌やウイルスを排除してくれます（きれいな譬《たと》えではありませんが、涙や鼻水がその最《さい》たる例です）。これと同じ反応が、樹木のなかで起きるのです。そして、このとき分泌された樹脂が蓄積している木部、これこそが沈香なのです。沈香は産地によっても少しずつ香りが異なり、なかでも良質のものは現在「伽羅《きゃら》」と呼ばれて珍重されています。沈香や伽羅については、のちほど（第六章以降で）詳しくお話しますので、ひとまず、漂着当時の状況について、『日本書紀』巻二十二の豊御食炊屋姫《とよみかしきやひめ》天皇（推古《すいこ》天皇）三（五九五）年の記述を見てみましょう。

一　推古天皇三年の夏四月、沈水《じんすい》が淡路島に漂着しました。その大きさたるや、一囲《いだき》（一抱え）。

——嶋人《しまびと》は沈水を知りませんでしたので、薪《たきぎ》としてかまどに焼《く》べました。その芳《かんば》しい香りははるか遠くまで漂いました。嶋人は、不思議なことだと思い、朝廷へ献上しました。

『日本書紀』のこの箇所をとてもドラマティックに描いたものが、聖徳太子《しょうとくたいし》の伝記『聖徳太子伝暦《でんりゃく》』巻一の推古天皇三（五九五）年の記述です。香木の漂着という神秘的なできごとと、当時の摂政だった太子を関連させることで、太子のカリスマ性を高めた記述だと考えられますが、同書が編纂された当時（平安時代前期）の香り文化について、うかがい知ることができるので見てみましょう。

春三月、土佐《とさ》（現高知県）南の沖で夜、まばゆいまでの光が輝き、雷のような音がしました。三十日ほど経って、夏四月に淡路島の南の岸に、沈水という香木が漂着しました。嶋人は沈水を知りませんでしたので、漂着した沈水を薪としてかまどに焼べました。その芳しい香りは、はるか遠くまで漂いました。聖徳太子は使いの者を出して、その沈水を献上させました。大きさは一囲、長さ八尺で、その香りはこの上なく芳しいものでした。太子はご覧になると、とても喜ばれて、こうおっしゃいました。

「これは『沈水香』というものです。この木は、『栴檀《せんだん》』と呼ばれる香木で、南天竺国《なんてんじくこく》（南インド）の南の海岸に生えているものです。夏には蛇がこの木に纏《まと》わりついていますが、それはこの木がひんやりとしているからであり、人々は蛇を矢で射ます。冬になると、蛇はこの木のなかに隠れて冬眠するので、人々は木を切って蛇を取ります。この木の実を『鶏舌《けいぜつ》』と呼び、花を『丁子《ちょうじ》』と呼び、樹脂を『薫陸《くんろく》』と呼びます。樹脂が多くて重く、水にずっと沈んでいるものを『沈水香』といい、しばらくすると水に浮かぶものを『浅香《せんこう》』といいます。現在、推古天皇が仏教を興隆し、はじめて仏像を作成されます。帝釈天《たいしゃくてん》と梵天《ぼんてん》（帝釈天とともに仏法を護る神）が推古天皇の徳に心を動かされ、この木を送ってこられたのでありましょう。詔《みことのり》（天皇のおことば。勅命《ちょくめい》）を出して、百済《くだら》の仏師に、この栴檀の木で観音菩薩像を彫刻させましょう」

黒潮の流れに乗って、はるか南の海からやってきた沈香。浜辺に打ちあげられた大きな木を見て、人々はさぞや驚いたことでしょう。いままで見たこともない木で、しかも、周囲は一抱《ひとかか》え（大人が両腕でつくる輪の大きさ。五尺。約一二〇センチメートル）、長さ八尺（約一九六センチメートル）[4]という巨大な木。「夏四月」は、新暦でいう五月から六月上旬頃ですから、気温はかなり和《やわ》らいでいるとはいえ、海水温はまだ低く、冷たい潮風も時おり強く吹いていたでしょう。漁で冷《ひ》えた身体を温めようとして、人々は流木を火に投げいれたのでしょうか。暖《だん》をとるいつもの焚き火のはずが、馥郁《ふくいく》とした香りが煙とともに立ちのぼる。神話の島[5]に流れついた薫りたつ木に、人々は慄《おのの》き、神秘への畏《おそ》れから、朝廷へ献上したのでしょう。その献上品をご覧になった太子は、一目で沈香だと見抜かれ、観音菩薩像[6]の彫刻を命じられました。なるほど、この香木は仏像とするにふさわしい、品質の良いものだったに違いありません。

また、この伝説の香木の一部をご神体として祀っているという神社が、淡路島の西側海岸沿い（兵庫県淡路市尾崎）にあります。『聖徳太子伝略』の記述（淡路島の南の岸）とは場所が異なりますが、枯木《かれき》神社という、とても小さなお社《やしろ》です。神社裏の海岸に腰をかけて潮騒《しおさい》の響くなか、海を眺めていると、いつかまた香木が流れつくかもしれない、もしかしたら、あの波に乗って……そんな空想に耽《ふけ》ってしまうほど、しずかに鎮座されています。

さて、太子の言葉に「栴檀、鶏舌、丁子、薫陸、沈水香、浅香」と香りの材料となるものの名前が数種でてきましたので、それぞれについて少し見てみましょう。太子は、「栴檀」の実を「鶏舌」、花を「丁子」、樹脂を「薫陸」、そして樹脂の量によって「沈水香」または「浅香」としていますが、実際には、これらは異なる植物由来のものです。

まずは「栴檀」について。「栴檀は双葉《ふたば》より芳《かんば》し」でお馴染みの、とご紹介したいところ

図2 びゃくだん(白檀)
右は市販されている白檀の香木(撮影・著者)。左は原木となる木が開花した様子(出典:By J. M. Garg [GFDL (http://www.gnu.org/copyleft/fdl.html)], from Wikimedia Commons)。

ですが、この諺の「栴檀」は、本当は「白《びゃく》檀《だん》」のことです。ビャクダン科ビャクダン(図2)の木部で、香《こう》や線香、扇子、そして仏具などに使用されている高級な香木です。古代中国では「栴檀」は「白檀」の別名でしたので、おそらく太子は「白檀」という意味でお話されたのでしょう。では、現在、日本でいう「栴檀」ですが、こちらはセンダン科センダンのことで、樹皮(生薬名・苦楝皮《くれんぴ》)や果実(同・苦楝子《くれんし》)はそれぞれ駆虫薬や外用薬として知られているものの、現在は日本薬局方には登録はされていません。日本では古くから楝《おうち》とも呼ばれている高木で、五月下旬から六月初旬にかけて、淡い青紫系の色(楝《おうち》色)をした、かわいい小さな花をたくさん咲かせます(図3)。街路樹としてもよく

図3　せんだんの花
大阪市中央区道修町にて著者撮影。

植えられていますので、目にされているのではないでしょうか。もし実物を是非とも見てみたいという方や、大阪近郊にお住まいの方、大阪出張のご予定のある方は、大阪市にある重要文化財の大阪市中央公会堂まで足を運んでみてください。赤レンガ造りの公会堂の南北に土佐堀《とさぼり》川と堂島《どうじま》川が流れています。南の土佐堀川に、ちょうど公会堂の真正面に小さな橋がかかっており、一本の筋（南北に通る道）がそこから南へ伸びています。その名もズバリ、「栴檀木《せんだんのき》橋《ばし》」と「栴檀木橋筋《せんだんのきばしすじ》（「三休橋筋《さんきゅうばしすじ》」の北端部の異名です）」。江戸時代の寛政八（一七九六）年から同十（一七九八）年に摂津国（現大阪府北部）の観光案内書として刊行された『摂津《せっつ》名所図会《めいしょずえ》』巻四にも、

梅檀木　むかし栴檀木筋に大木の栴檀あり。故《ゆえ》に名とす。

と記されており、現在も橋の周囲および筋沿いにはせんだんの木が街路樹として植えられており、初夏にはかわいい花を咲かせます。また、歴史好きの方ならご存知かもしれませんが、江戸時代、この橋を挟んで二つの医学塾がありました。北側にあったのが、外科で有名な合《がっ》水堂《すいどう》（世界初の全身麻酔下での乳房の癌腫瘍摘出で知られる華岡青洲《はなおかせいしゅう》の一門の私塾）、そして南側にあったのが内科で有名な適塾《てきじゅく》（福沢諭吉が学んだ私塾）。合水堂については、残念ながら戦禍《せんか》で史料が残っていないため、その所在地もただ「橋の北側にあった」ということしかわかっていません。しかし、適塾をはじめ、徒歩五分以内のところに薬の街「道修《どしょう》町《まち》」もありますので、せんだんの花を愛《め》でたあとは道修町まで生薬の香りをたのしみに行く、というのはいかがですか。

次に「丁子《ちょうじ》」について。フトモモ科チョウジの花蕾《からい》（開花前の蕾《つぼみ》）を乾燥させたもので、強く甘い芳香があり、「丁香《ちょうこう》」とも呼ばれています（第五章図1、2、3を参照）。この花蕾の先端部にある花びらや花蕊《かずい》（雄しべや雌しべなど）を除いた花殻《はながら》は、その形状が鶏《にわとり》の舌に似ていることから「鶏舌《けいぜつ》」と呼ばれます。なお、「丁子」という表記ですが、その外観が釘に似ていることから、中国語で「釘（dīng）」と同じ発音の「丁（dīng）」の字があてられました。英語ではクローブ(clove)と呼ばれていますが、これもフランス語の釘（clou）に由来しています。喫煙される方でしたら、「ガラム（Garam）」というインドネシアのたばこブランドをご存じかもしれませんね。箱を数十秒持っているだけで手に香りが移るほど香りの強いたばこで、一度聞けば忘れられない香りです。ご興味のある方はどうぞ。

また、「薫陸《くんろく》」は「薫陸香《くんろくこう》」ともいい、カンラン科ボスウェリア属樹木の固形化した樹脂をはじめ、マツ科マツやスギ科スギなどの樹脂化石なども含めたものの呼び名で、琥珀《こはく》によく似た、甘くあたたかい香りがします。

図4 じんちょうげの花
（撮影・著者）

香《こう》の原料ですので、一般にはほとんど目にすることのないものです。おそらく、「沈香」をはじめ、「鶏舌」、「丁子」、「薫陸」とすべて日本で産出できない輸入品であったため、このような混同が生まれたのではないでしょう。

さて、最後に、「沈香」と「丁子」、この二つの名前をあわせて思い出す花はありませんか。三月中旬から下旬にかけての少し肌寒い時期に芳香を放つ、小さな白い星が集まったような花、沈丁花《じんちょうげ》（ジンチョウゲ科ジンチョウゲ）です（図４）。小学校や公園によく植えられていますので、お好きな方も多いでしょう。この花の名前ですが、香りがとてもいいことから「沈香と丁子をかけあわせたような芳香」という意味でつけられたそうです。なので、「沈香」と「丁子」を一緒に手に持って同時に薫れば、じんちょうげの香りになるはず（?・）。じんちょうげの香りを思い出せない方や、どんな香りか知りたいという方、どうぞお試しあれ。

仏教における視感と香り

さて、不思議な由来の香木とはいえ、しかし、「菩薩像を彫刻するならば、確かな由来の神聖な香木を使ったほうがいい」「なにもわざわざ漂着したものを使わなくても」と思われるかもしれません。では、太子はなぜ、観音菩薩像の彫刻を命じられたのでしょうか。

当時、崇仏派の蘇我《そが》氏が排仏派の物部《もののべ》氏を破り、仏教を興隆して一年あまりの頃[7]でした。もちろんのことながら、当時の日本の人々にとって、仏教は外来の宗教。どんな教えなのか、どのように祈るのか、仏教への信仰が社会において確固たるものでなかった、そんなときに、この香木が漂着したのです。しかも、漂着した場所は、日本の神話にも描かれている神々の島とされる淡路島。仏教でみほとけ（御仏）を供養するとき、香（香炉）は花（花瓶《けびょう》）、灯明《とうみょう》（燭台）とともに欠かすことのできないものです。香炉、花瓶、燭台の三つを合わせて三具足《みつぐそく》とも呼びますが、仏教での国の統治を模索されていた太子でしたので、香木はまさに天からの贈り物だと思われたのでしょう。芳香漂う仏像をつくり、香りをとおして祈りを捧げる。太子の理想とする祈りの姿が、香りとともに浮かびあがったのではないでしょうか。

いま、この本を読んでくださっているみなさんのなかにも、社寺巡りや神仏像鑑賞が好きだという方がいらっしゃるでしょう。三重・伊勢神宮や奈良・東大寺大仏殿と盧舎那仏《るしゃなぶつ》坐像（奈良の大仏様）のように、国内のみならず海外からも参拝者が絶えない有名なものから、地元の方だけがお参りする閑静《かんせい》なものまで、さまざまです。ですが、いま現在、私たちが目にしている社寺や神仏像のほとんどは、ほの暗い室内に色褪せた天井画や屏風があったり、錆びて一面に緑青《ろくしょう》が広がっていたり、くすんで鈍《にぶ》い光を放っているブロンズ色をしていたりします。では、その創建時の形や色合いがどんなものだったのか、想像されたことはありますか。近年、時おりニュースになっていますが、奈良の大仏殿と盧舎那仏をはじめ、さまざまな社寺や神仏像の建立《こんりゅう》時の復元CGをご覧になった方も多いことでしょう。仏の身体特徴は、「三十二相八十種好《さんじゅうにそうはちじっしゅこう》」といわれており、それに則《のっと》って仏像および仏画はつくられています。経典によって多少の違いはあるものの、三十二相とは仏が備えている すぐれた身体的特徴を、八十種好とは三十二相を細分化したものです。三十二相のなかでも、次の九つに目をとおしてみてください。

①手足柔軟相《しゅそくにゅうなんそう》　手足がやわらかく色が紅い（転じて、誰にでも平等に接する）
②毛上向相《もうじょうこうそう》　毛髪の先端がすべて上向き、右巻き、紺青色でやわらかい（転じて、喜びの心を喚起させる）
③一一孔《いちいちく》一毛相《いちもうそう》　すべての毛孔から毛が生え、毛穴からは芳香があり、毛は青瑠璃色（転じて、悪い行為を消滅させる）
④金色相《こんじきそう》　全身が黄金色に輝いている（転じて、人々を喜ばせて得た相）
⑤四十歯相《しじゅうしそう》　四十本の歯があり雪のように白い（転じて、悪口を言わない）
⑥牙白相《げびゃくそう》　四十本以外に、白く大きな四本の牙がある（転じて、煩悩を制する）
⑦真青眼相《しんしょうげんそう》　青い蓮華のような紺青色の瞳（転じて、すべてをよく見通す）
⑧牛眼睫相《ぎゅうがんしょうそう》　まつ毛が長く整っている（転じて、眼が清らか）
⑨白毫相《びゃくごうそう》　眉間に右巻きの白い毛が生えており光を放っている（転じて、生死の災いを無くす）

このように、仏は非常に多い数の歯（成人は親知らずを含めて三十二本）や、色彩豊かな身体であると描かれています。この三十二相八十種好に則ってつくられた仏像でしたから、金《きん》ぴかで、カラフルだったのです。復元ＣＧの色鮮やかさに、目を奪われた方も多いと思います。「色褪《いろあ》せる」、「錆《さ》びる」、「くすむ」という言葉から連想できるとおり、社寺や神仏像は風雨に曝《さら》され、長い時を経《へ》て、いまの姿になったのです。つまり、仏教が日本に導入された当時の人々は、見るひとの視覚に強烈に訴えかける、色鮮やかで装飾の多い、今でいう「ビジュアル系」そのものであった仏教に対面したのでした。

それに対して、仏教以前の、畏怖や敬虔《けいけん》な祈りの対象は、人々にとって可視化できない、目には見えない存在であり、人間の姿ではなく自然物や物体の姿で描かれてきました。山や滝、巨樹、巨石などの自然物そのものや、鏡や玉、剣などの加工品が信仰の対象・ご神体であり、信仰の媒介でもありました。現在、「パワースポット」と呼ばれている場所のほとんどがそうですが、誰もが見て、他の自然物との明確な区別がつくというものはそう多くはありません。雑誌やテレビで特集が組まれたり、しめ縄が張られていたり、御幣《ごへい》（神聖な場所・モノに付いているビラビラの白い紙、といえばおわかりでしょうか）が立てられていたりしていなければ、そこが「神聖」だとは気づかないかもしれません。「見えないけれど存在する神々」という概念が当たり前だったところへ、「人間の姿をした絢爛《けんらん》たる極彩色《ごくさいしき》の仏像」という、それまでの常識では考えられない概念がいきなり目の前に提示され、「見える化」したのです。新しい概念の創設ともいうべき、強い衝撃であったでしょう。しかし、人々は仏像を見て、それまでの聖なる存在とは違い、自分たちと同じ姿かたちをしているという親近感や安心感を、衝撃以上に強く感じたのではないでしょうか。太子の菩薩像も、同様でした。見える化された像は、外来宗教であった仏教には欠かせない香りもあり、しかも、神々の島に漂着した、日本の神々に「迎えられ」た神木ともいえる香木から作られたもの。そう、言うなれば、日本の神々の「お墨付《すみつ》き」を得た香木だったからこそ、太子の人《ひと》となりと関連づけられ、現在まで語り継がれているのでしょう。

目には見えない香りがすーっと思いがけないほど遠くまで運ばれて人々の心に沁《し》みいるように、「ビジュアル」という大きな強みをもっていた仏教は、神道はもとより、のちに密教とも相俟って、ゆっくりと、そして細部にまで浸透していったと考えられます。

仏教に限らず、ほとんどの宗教において、香りは重要な役割を担《にな》ってきました。最初は香りのよい花や草木をそのまま使っていたと考えられます。それが時《とき》とともに、香木や樹脂、動物の分泌物などを火に焼《く》べて、煙とともに香りをたのしみながら、祈りや瞑想《めいそう》の助けとするように変化していきました。

ラテン語で「〜をとおして」を意味するperに、「煙」を意味するfumusを足して、英語の「香水」perfumeになったことからも、香りと火・炎の関連性を読みとることができます。香りには、リラックス効果が期待できるものもあれば、意気高揚するものもあります。香りを使いわけることで、自己の内面と向きあい、時空を超えたものへ思いを馳《は》せ、真理を探究する道筋《みちすじ》としたのでしょう。

香木や樹脂などを燻《くゆ》らせてたのしむ香りは、秘めやかでありながら濃密で、ゆっくりと時間をかけてそっと、寄り添ってくれます。まるで、目には見えない糸を紡《つむ》いで織《お》ったヴェールのように、火が消えたあとも私たちをやわらかく深く包みこみ、いつまでも匂いたってくれます。大きくなったり小さくなったり、ときに小さな音をたてて跳ねあがる赤銅《しゃくどう》色の炎に押しだされるように生まれる香り。それは一筋の白の濃淡を描きながら、上へ上へと立ちのぼる煙とともにゆっくりと、しかし着実に空気を動かし、まるで私たちを香りの世界へと誘《いざな》うかのように、少しずつその場の雰囲気を変えていくのです。

御仏《みほとけ》の供養や祈りのためにわが国でも使われはじめた香り[8]ですが、その材料となる植物の種子や樹皮、樹液、根、花果、動物の分泌物など、そのほとんどが赤道付近の地域で生育し、採取されるもので、海外から仕入れなければなりませんでした。二十一世紀の現代でも、日本はそのほとんどを輸入にたよっています。植物の栽培技術や流通の便が発達した現代でも香材は高価であることから、当時の価格がどれほどのものであったかは容易に推測できます。人々は、希少《きしょう》な香材を少しずつ、大切に使っていました。削り香《けずりこう》や刻み香《きざみこう》、塗香《ずこう》など、その字面《じづら》からもわかるように、香木のちいさな破片を名香《みょうごう》（仏に奉る香）と称して、仏前で燻らせていました。庶民はもちろん、位《くらい》のある人々にとっても希少な香りは高嶺《たかね》の花。ほんの一握《ひとにぎ》りの人々だけが、祈りという特別な時間に香りを使っていたのです。そもそも、仏教が日本に導入された当時、政情不安に加えて自然災害や疫病の発生など、人々の生活には、不安という目には見えない黒い影が常につきまとっていました。そんななか、外来宗教とはいえ、導入された仏教の教義に則《のっと》って香りで心身を護《まも》ろうとしたのは、ごく自然のなりゆきだったと考えられます。

薬としての役割

また、香りの材料は香料としてだけではなく、薬としても使用されていました。いわゆる「漢方薬」や「薬草茶（ハーブティー）といったほうが馴染み深い方も多いでしょう）」を服用するときに、「あれ、なんだか好《い》い香り。お香《こう》みたいな香りがする」と感じられたことはありませんか。それというのも、香《こう》の材料のほとんどが、世界中の伝統医学（日本の伝統医学は「漢方《かんぽう》」と呼ばれています）で薬効のある薬種《やくしゅ》として処方されているからです。

古代の日本の香りと薬の関係は、奈良・東大寺の宝物庫である正倉院《しょうそういん》のなかに納められている薬種にたしかめることができます。夏は高温多湿、冬は低温乾燥という日本独特の風土にあわせた特殊な建築様式で知られている校倉造《あぜくらづくり》の正倉院。社会科の教科書や史料集に掲載されている正倉院の写真を見ながら、「あぜくら」という読み方をテスト前に暗記された方も多いのではないでしょうか。納められている宝物のなかには、豪華な螺鈿《らでん》細工が施《ほどこ》された琵琶「螺鈿紫檀五絃琵琶《らでんしたんごげんのびわ》」や、美しいコバルトブルーのガラス製の杯「瑠璃坏《るりのつき》」のほか、歴代の権力者たちを魅了した、有名な沈香「蘭奢待《らんじゃたい》」（黄熟香《おうじゅくこう》）や「紅塵《こうじん》」（全浅香《ぜんせんこう》）もあります。そして、『種々薬帳《しゅしゅやくちょう》』[9]と題する薬の一覧表とともに、数多くの薬種がいまも正倉院のなかで静かに眠っています。まずは、正倉院にどんな薬が納められているのか（いたのか）を見ていきましょう。

章末の表Aにあげた六十種にざっと目を通してみてください。なかには、同じものが重複して記載されていたり、薬種が納められているはずの木箱内に現存していなかったり[10]、記載と異なるものが納められていたりするため、どんな薬種だったのか不明なものもあります。

ご覧のとおり、その大部分が植物性の薬種二十七種で、次いで鉱物性が十三種、動物性十種、化石類六種、そして配合薬三種、不明一種という内訳になっています。見慣れない名前の薬種が大半かと思いますが、なかには現在もよく処方される桂心《けいしん》（ニッキ）、人参（朝鮮ニンジン）、大黄《だいおう》、甘草《かんぞう》もあれば、ワシントン条約で商業目的での取引が禁止され、高級な香料として知られている麝香《じゃこう》、同じくワシントン条約の規制対象で、鴆《チン》という鳥の羽毛にある猛毒を解《け》すと信じられていた犀角《さいかく》および犀角器なども含まれています。また、これら六十種の薬種（帳内薬物）のほか、薬帳に記載されていない薬種（帳外薬物）も納められています。それが章末の表Bです。こちらは帳内薬物に比べると、少しはどんなものか想像しやすいのではないでしょうか。「香」という字が付いている薬種が多いので、香りがするものだと推察できますよね。事実、松脂《まつやに》よりもなめらかな甘い香りのする琥碧《こはく》をはじめ、青木香《しょうもっこう》、木香《もっこう》、丁香《ちょうこう》（丁子《ちょうじ》、クローブ）、薫陸《くんろく》、沈香（アガーウッド）などは香料として、古

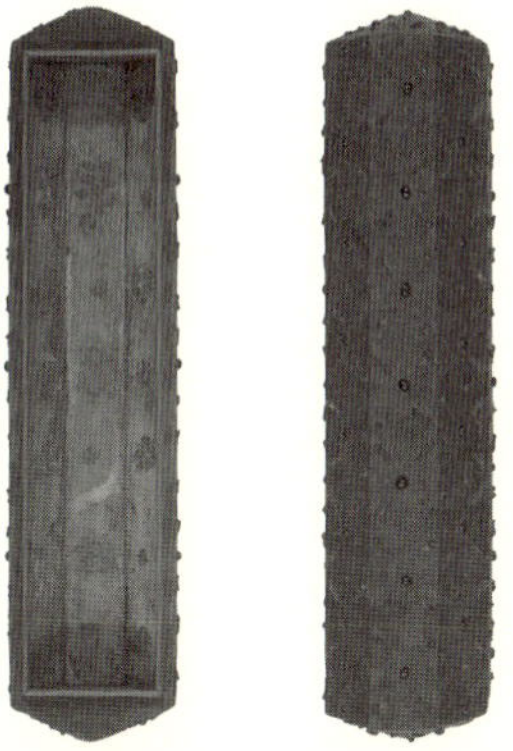

図4 沈香沫塗経筒
正倉院蔵（奈良国立博物館『第63回「正倉院展」目録』（2011）39頁より転載）

来より、日本をはじめ世界中で愛されています。

香りは薬であり、貴重な輸入品。当時は、現在のように香りで防虫することもあり、そこから香りが魔除けとして、また、装飾品としても使用されてきました。その最《さい》たる例が、正倉院に納められている「沈香末塗経筒《じんこうまつぬりのきょうづつ》」（図4）です。その名のとおり、沈香の粉末を漆で塗ったその表面に、マメ科と考えられる植物の種子と丁子をふんだんに貼りつけた八角形の経筒で、なかに納められていたお経は、きっと甘くやさしく香っていたと思われます。

薬種をはじめ、さまざまな宝物が納められている正倉院ですが、現在では毎年、秋に奈良県奈良市にある奈良国立博物館において、選《え》りすぐりの品々が一般公開されています。毎年拝観するという方もいらっしゃるでしょう。聖武《しょうむ》天皇が崩御されたとき、天皇が愛用されていたものや、国家の一大事に役立つものなどを、聖武天皇の后《きさき》・光明《こうみょう》皇后が正倉院に納められました。ご愛用品とともに、薬種としても使用されていた香材が納められたという由来からも推察できますが、当時の人々がどれほど病や怪我を恐れていたのか、また疫病を予防し、打ち克《か》つために、そして祈りをささげるために、香りがどれほどの力を発揮してきたのか。遠い時代の都《みやこ》の人々に思いを馳《は》せながら、紅《あか》く色づきはじめた奈良の紅葉を愛《め》でに行かれませんか。

光明皇后の施浴伝説

さて、その聖武天皇ですが、仏教を篤《あつ》く信仰され、仏教による国家の鎮護《ちんご》を願われ、全国に国分寺・国分尼寺を、奈良に東大寺を建立《こんりゅう》、大仏を安置されたことでも知られています。東大寺およびその倉庫であった正倉院は、春日大社や薬師寺などとともに古都奈良の文化財の一部として一九九八年にユネスコの世界遺産（文化遺産）に登録されました。このことを記憶されている方、また、観光でこれらの社寺を訪れられたことのある方も多いのではないでしょうか。聖武天皇の后、光明皇后も仏教を深く信仰され、各地に貧窮者・孤児の救済や薬草の供給、治療を行う悲田院《ひでんいん》や施薬院《せやくいん》を設置、弱者救済に努《つと》められました。そんななか、皇后は託宣《たくせん》（お告《つ》げ）を受け、千人施浴《せよく》を発願《ほつがん》されます。湯屋《ゆや》をつくられ、貴賤を問わず垢《あか》をこすられたのです。その千人施浴が成就《じょうじゅ》した場面が、『元亨釈書《げんこうしゃくしょ》』巻十八に描かれています。

ある日の夕方、天のお告げが宮殿に響きました。「皇后よ、国中に寺をつくり、悲田院や施薬院、東大寺の造営を成功させたからといって、自慢してはいけませんよ。灯りをともし、浴室でけがれを落とす、この功徳《くどく》は言うまでもなく尊《とうと》いものですよ」皇后は喜ばれ、湯屋《ゆや》をつくられ、貴賎を問わず招き入れられました。また、皇后は誓いを立てられました。「わたくしみずから千人の垢を落としましょう」お付きの者たちは憚《はばか》りましたが、皇后の強い想いを阻《はば》むことはできませんでした。

九九九人の垢をこすられ、最後のひとりを残すばかりとなりました。現れたのは、全身が疥《はたけ》癩《（かいらい）》になっている人物で、姿を現すなり、浴室いっぱいに悪臭が充満しました。垢をこするのはむずかしいかと思われましたが、皇后は「この方で千人目となります。どうしてこの方をお断りするのですか」とおっしゃり、悪臭に耐えながら背をこすられました。すると、病人は「私は悪病にかかり、皮膚病を患《わずら》っております。たまたま、あるお医者さまに、全身の膿《うみ》を誰かに吸い取ってもらえば治ると言われたのですが、そんな慈悲深いお方はこの世にはいらっしゃいませんでした。長い間、患っておりますので、こちらに寄せていただいた次第です。皇后さまは寛容で慈悲深く、とても素晴らしいお方です。皇后さま、膿を吸い取っていただけませんでしょうか」といいました。皇后は傷口から膿を吸い出されました。頭から踵《かかと》まで膿を吸い出されて、皇后は病人にこうおっしゃいました。「私は膿を吸い出しました。ですが、誰かに話してはいけませんよ」すると、病人はまばゆい光を放って、皇后にこう告げました。「皇后よ、あなたは阿閦仏《あしゅくぶつ》の垢をこすったのです。誰かに口外してはなりませんよ」皇后は驚かれました。阿閦仏の化身だった病人の顔はとても荘厳に光かがやき、馥郁《ふくいく》とした香りがあたりに充満し、すっと姿を消しました。皇后は感無量で、その地に伽藍《がらん》を立てられました。そのお寺の名前は阿閦寺です。

満願《まんがん》の千人目として現れた病人（阿閦仏[11]の権化《ごんげ》）は「疥癩《はたけ》」を患っていたとあり、ハンセン病患者であったとも考えられています。『元亨釈書』は鎌倉時代に編纂された仏教説話で、『今昔物語集《こんじゃくものがたりしゅう》』や『建久御巡礼記《けんきゅうごじゅんれいき》』などをふまえてつくられました。しかし、功徳として行われた施浴《せよく》とはいえ、患者が治療目的で訪れていることから、同書が編纂された鎌倉時代十四世紀においても、療養の手段としての湯治《とうじ》が人々のあいだで確実に認知されていたことがうかがえます。光明皇后が千人施浴をされた当時の風呂ですが、現代のように湯船《ゆぶね》に湯をはり、ちゃぷんと浸《つ》かる、というスタイルではありませんでした。大きな釜に湯を沸かし、その蒸気を浴室に送りこみ、蒸気をたのしむという蒸気浴でした。サウナほど高温ではなく、じんわりと身体を芯《しん》から温めるものなので、まさに「湯治」です。また、施設によっては、

浴室に薬草を用意していました。蒸気で薬草の成分、つまりエッセンス（精油）が出ますので、湯屋ごとに特色もあったと思われます。

そんな湯屋《ゆや》を開放し、貴賤を問わずに功徳を施された皇后と、姿を変えて現れた阿閦仏。阿閦仏が消えたときに湯屋に立ちこめた芳香がどんな香りだったのか、想像も及びませんが、おそらくうっとりするような、やさしい香りだったのではないでしょうか。仏教説話ですので、沈香だったかもしれませんし、白檀だったかもしれません。きっと皇后は湯屋に薬草を置いていらっしゃったでしょうから、もしかすると、清涼な薄荷のような香りだったかもしれません。香りの種類が明記されていないからこそ、知りたいという気持ちも強くなりますね。

この仏教説話では、発願成就《ほつがんじょうじゅ》の証明としての役割も果たしている香りですが、正倉院宝物の帳内外の薬種からもわかるように、日本では、祈りの媒体であり、薬であり、仏教とは切っても切り離せないものとして、その歴史をスタートさせました。そして仏教が日本に根づき、人々の生活に深く根を張るようになると、香りは一部の限られた人々だけに許された贅沢品であったことには変わりはありませんでしたが、今度は生活を快適に、華やかに彩《いろど》るものとして、また、詩歌や管弦のように、教養としての役割を果たすようになっていきました。香りが名刺代わりになる時代がやってきたのです。

表A　正倉院の『種々薬帳』に記されている「帳内薬物」

（◎印＝植物性生薬、△＝動物性生薬、□＝鉱物性生薬、◆不明）

櫃番号	現存	種類	生薬名	基原
第一櫃	✓	△	麝香	ジャコウジカの雄の香嚢分泌物。帳外「麝香皮」と同じ
		△	犀角	インド産クロサイの角
		△	犀角	インド産クロサイの角（「犀角」記載2つあり）
	✓	△	犀角器	犀角でつくった盃。ただし、薬帳記載の犀角器とは異なる
		□	朴消	含水硫酸ナトリウム
	✓	◎	蕤核	バラ科の成熟した果実の種子
	✓	◎	小草	中国産の遠志。現存品はマメ科植物の莢果を指す
	✓	◎	畢撥	インド産ナガコショウ
	✓	◎	胡椒	インド産コショウ
	✓	□	寒水石	炭酸カルシウム（方解石）の結晶。真正の寒水石ではない
		◎	阿麻勒	コショウ科アムラタマゴノキの果実か。亡失
	✓	◎	菴麻羅	トウダイグサ科アンマロクウカンの果実片、種子
	✓	◎	黒黄連	ゴマノハグサ科コオウレンの根茎。「胡黄連」ともいう
		△	元青	ツチハンミョウ科アオハンミョウ（ゲンセイ）属の昆虫。「芫青」
		◎	青葙草	
		◎	白皮	ラン科シランの球根。「白及」の誤記か
	✓	□	理石	繊維状石膏・含水硫酸カルシュウム。帳外「鉱石数種」の中の繊維石膏と同じか
		□	禹余粮	粘土を内蔵する結核状の褐鉄鉱質
	✓	□	大一禹余粮	粘土を内蔵する結核状の褐鉄鉱質（禹餘粮との差異・区分には諸説あり）。帳外「紫色粉」は内容物か

第一欄	✓	□	竜骨	哺乳動物の骨の化石
		□	五色竜骨	化石生薬
	✓	□	白竜骨	化石鹿の四肢骨
	✓	□	竜角	化石鹿の角
	✓	□	五色竜歯	ナウマン象の第三臼歯
	✓	□	似竜骨石	化石木。帳外「鉱石数種」の一部と同じか
	✓	◎	雷丸	サルノコシカケ科ライガン菌
	✓	◎	鬼臼	真正の鬼臼（メギ科ハスノハグサ）とは別。本品はユリ科ギボウシ属植物の根茎。
		□	青石脂	
	✓	□	紫鑛	ラックカイガラムシ科ラックカイガラムシの雌が木の枝梢に寄生し分泌した樹脂状物質。帳外「紫鉚」と同じ。
		□	赤石脂	
第二欄	✓	□	鍾乳床	鍾乳石（方解石）の破片
	✓	◎	檳榔子	ヤシ科ビンロウの種子
		◎	宍縦容	ハマウツボ科ホンオニク
	✓	◎	巴豆	トウダイグサ科ハズ属の種子
	✓	△	無食子	フシバチ科インクフシバチの、ブナ科カシ属植物への寄生虫癭。没食子のこと。
	✓	◎	厚朴	クルミ科コウキ（Engelhardia roxburghiana）の樹皮。現在はモクレン科ホウノキ属
	✓	◎	遠志	ヒメハギ科イトヒメハギの根
	✓	◎	呵(訶)梨勒	カラカシ・シクンシ科ミロバランノキの果実

第三・四・五櫃	✓	◎	桂心	クスノキ科ニッケイの樹皮
第六・七・八櫃	✓	◎	芫花	ジンチョウゲ科フジモドキの花蕾
第九・十・十一櫃	✓	◎	人参	現在の薬用人参（ウコギ科コウライニンジン）の根。ただし、現存は真正の人参ではなく、「狼毒」または「防葵」か？
第十二・十三・十四櫃	✓	◎	大黄	タデ科ダイオウの根茎
第十五・十六櫃	✓	△	臈蜜	トウヨウミツバチの蜜蝋
第十七・十八・十九櫃	✓	◎	甘草	マメ科カンゾウの根
第二十櫃	✓	□	芒消	含水硫酸マグネシウム
		◎	蔗糖	砂糖（イネ科サトウキビの茎から得たもの）
		□	紫雪	鉱物八種の配合剤
	✓	◎	胡同律	樹脂の乾燥物
		□	石塩	塩化ナトリウム
		△	猬皮	ハリネズミの皮
		△	新羅羊脂	
		◎	防葵	現在はツヅラフジ科シマサスノハカズラを指すが不明。亡失
	✓	□	雲母粉	
		□	蜜陁（陀）	
	✓	□	戎塩	結晶化していない自然塩
		□	金石陵	
		□	石水氷	
		◆	内薬	不明。亡失
第二十一櫃		◆◎	狼毒	不明。亡失（サトイモ科クワズイモの根茎、トウダイグサ科マルミノウルシの根、ジンチョウゲ科の根などか）
	✓	◎	冶葛	断腸草あるいは胡蔓藤のクマウツギ科。帳外「烏薬之属」と同じ

表B　正倉院の『種々薬帳』に記されていない「帳外薬物」

（◎印＝植物性生薬、△＝動物性生薬、□＝鉱物性生薬、◆不明）

現存	種類	生薬名	基原
✓		薬壺	薬を入れた壺。他へ移動
✓	△	雄黄	硫化ヒ素を主成分とする鉱物。「鶏冠石」ともいう
	□	白石英	石英。帳内「石水氷」とする説あり
	□	滑石	珪酸塩鉱物の一種。天然カオリン
✓	△	麝香皮	ジャコウジカの性分泌嚢皮。帳内「麝香」の一部分。帳内へ移動
✓	◎／△	琥碧	琥珀
✓	◎	青木香	現在の青木香（ウマノスズクサ科ウマノスズクサ、およびマルバウマノスズクサの根）とは別
✓	◎	木香	キク科インドモッコウの根
✓	◎	丁香	フトモモ科チョウジの花蕾および未熟果実
✓	◎	蘇芳	他材の表面に、マメ科スオウの暗赤褐色染料を塗布したもの
✓	◎	竹節人参	真正の竹節人参（ウコギ科トチバニンジン）とは別。本品は人参（ウコギ科オタネニンジン）の蘆頭。帳内「人参」と同じ。帳内へ移動
✓	△	紫鉚	ラックカイガラムシ科ラックカイガラムシの雌が木の枝梢に寄生し分泌した樹脂状物質。帳内「紫鑛」へ移動
✓	△	没食子之属	フシバチ科インクフシバチの、ブナ科カシ属植物への寄生虫癭。帳内「冶葛」へ移動
✓	◎	薫陸	現在の薫陸（Retinite）とは別
✓	△	烏薬之属	断腸草あるいは胡蔓藤のクマウツギ科。帳内「冶葛」と同じ。帳内へ移動
✓	◎	沈香および雑塵	瓶1には沈香（小片）瓶2には白檀その他（薬剤の梱包・整形用の紐を含む）数種の混合
✓	□	紫色粉	粘土を内蔵する結核状の褐鉄鉱質。帳内「禹余粮」「大一禹余粮」などの内容物か

	□	白色粉	方解石の微粉末
✓	△	獣膽	熊胆（基原とするクマの種は未明）
✓	◎	草根木実数種	香附子や山梔子、蓮子など
	□	礦石数種	化石化した木片（珪化木）の混入あり。青礞石は帳内「似龍骨石」に該当
✓		薬塵	紫根、茜根、決明子、香附子など
✓	□	丹	四三酸化鉛。赤色顔料
✓	□	銀泥	少量の金・銅を含む銀泥
✓		合香	香袋（7袋）、裹衣香（9袋）、練香（5点）など
✓	◎	全浅香	沈香。「紅塵」の雅号あり
✓	◎	黄熟香	沈香。「蘭奢待」の雅号あり

表A・B作成のために、以下を参照した。

柴田承二「正倉院薬物第二次調査報告」『正倉院紀要』二〇号、四一―五八頁、宮内庁、一九九八
柴田承二監修、宮内庁正倉院事務所編集『図説正倉院薬物』中央公論社新社、二〇〇〇
鳥越泰義『正倉院薬物の世界』平凡社、二〇〇五
難波恒雄『原色和漢薬図鑑』上・下、保育社、一九八〇
米田該典『正倉院の香薬』思文閣出版、二〇一五

1　古来、東アジアの暦では、一月から三月を「春」、四月から六月を「夏」、七月から九月を「秋」、十月から十二月を「冬」と区分していた。そのため、歴史書などには「秋七月」や「冬十月」などと記載されている。

2　樟脳とは、クスノキ科クスノキの枝や葉、根などを水蒸気蒸留して得た、独特の香りをもつ半透明で昇華性の結晶。鎮痛作用や消炎作用、清涼性香気があり、強心剤（カンフル剤）としても使用されていた。防虫作用にも優れており、衣服や人形の防虫剤としても広く使用されている。

3　「絶滅のおそれのある野生動植物の種の国際取引に関する条約（CITES: Convention on International Trade in Endangered Species of wild fauna and flora）」、通称「ワシントン条約（Washington Convention）」の希少品目第二種に沈香は指定されている。

4　現在の尺貫法では一尺三〇・三センチメートルになるが、当時は中国南朝尺で寺院建築をしていたことから、仏像建立にも同じく南朝尺を使用していたと考えられるので、本書では南朝尺（一尺二四・五センチメートル）で計算した。

5　『古事記』神代や『日本書紀』には、神々が淡路島を想像されたと描かれている。

6　この観世音菩薩は、奈良県の法隆寺の宝物庫に納められたという説（「九面観音・太子御作沈水香」として記載『和州法隆寺諸伽藍本尊霊宝目録』）や、吉野比蘇寺に安置された説（『聖徳太子伝暦』巻一）など、さまざまな記録がある。

7　『日本書紀』巻二十二および『聖徳太子伝暦』に、推古天皇二（五九四）年に「春二月甲寅朔、詔皇太子及大臣、令興隆三宝。是時、諸臣、連等、各為君親之恩、競造仏舎、即是謂寺焉」とあり、仏教（仏・法・僧の三宝）の興隆と寺院（仏舎）の建設を命じている。

8　わが国の香と仏教の関係史は、有賀要延氏の研究（『香と仏教』国書刊行会、一九九〇年）に詳しい。

9　『種々薬帳』および正倉院所蔵薬種については、朝比奈泰彦編『正倉院薬物』（植物文献刊行会、一九五五年）や柴田承二監修『図説正倉院薬物』（中央公論新社、二〇〇〇年）、鳥越泰義『正倉院薬物の世界』（平凡社新書、二〇〇五年）、米田該典『正倉院の香薬』（思文閣出版、二〇一五年）に詳しい。

10　亡失している薬種であるが、それが使用によるものなのか、たび重なる開帳（曝涼を含む）による紛失・盗難なのかは、定かではない。

11　阿閦佛（阿閦如来）は、密教における金剛界五仏の一とされ、東方に位置する。鏡のようにすべてをうつしだす智「大円鏡智」を持ち、「揺るぎないもの」という語源「अक्षोभ्य（akṣobhya・アクショービヤ）」から、何事にも動じない強い心を授け、病を治すとされる。

二、薫物の香り——身に纏《まと》う香りと六種《むくさ》の薫物

「にほひ（匂）」という感性

香りについて話をするとき、私たちは「香」「馨」「薫」「匂」「芳」「臭」「嗅」「聞」「馥」「郁」などの文字や言葉を使います。たとえば、おなじ「におい」という読みをもつ「匂」「臭」であっても、大好きな、またはいい香りについては前者を、悪い、もしくは不快な香りのときは後者といった具合に、香りのイメージによって文字を使いわけ、香りの特徴を伝えています。なかでも、「匂」ですが、これは人々の感性に訴えかける、日本らしい風味をもつものです。

みなさんは、この「匂《にほひ》」という文字が国字《こくじ》、つまり日本で作られた、メイド・イン・ジャパンの漢字だということをご存知でしたか。「おもむき・余韻《よいん》」を「にほひ」という言葉でいい表す日本独特の感覚から生まれた字で、「韵」（「韻」の旧字体）という漢字の旁《つくり》の「匀」の字形を変えたものです。色彩の具合や自然の移り変わりなどを表す抒情《じょじょう》的、かつ視覚を中心とした五感で捉えうる情景描写のための文字ともいえます。実際に香りがなかったとしても、香り、または、その雰囲気が感じられる、そんな経験をみなさんお持ちでしょう。直接会ったことのない人でも、電話や手紙でその人の「人となり」がわかる。絵や写真、文字（文章）、声や音から、被写体やその出処（音源や作成した人など）の香りや動きまでを想像できる。これこそが、その人や絵、写真、文字・文章、音などが持つ「匂い」です。この「にほひ」を英語に訳すとすれば、aroma（アロマ）や aura（オーラ）、atmosphere（雰囲気）などになるでしょうか。もちろん、これらの英単語も「にほひ」のように、香りに関連する意味だけではなく、「雰囲気、気品」を意味する言葉ではありますが、そこから派生して「グラデーション（色の濃淡）」までも意味する「にほひ」ほど、彩りゆたかな言葉は世界でも稀《まれ》ではないでしょうか。

厳《おごそ》かでありながら奔放《ほんぽう》であり、たおやかでありながら雄々《おお》しくもあり、麗《うら》らかでありながら朧《おぼろ》げであり、そして悩ましく官能的な香り。みなさんも気分転換をしたいとき、ご自身に活《かつ》を入れたいとき、またはイメージチェンジをしたいとき、髪形を変えられたり、ラッキーカラーのネクタイやスカーフなどを身につけられる方も多いでしょう。もしかしたら、服装や髪形だけでなく、デートや大事な商談など特別なときだけ、香水をつけるという方もいらっしゃるのではないでしょうか。香りというものは、見た目を変える以上に、その人のイメージを相手の心のなかに、強く印象づけてくれます。クレオパトラやジョゼフィーヌ（ナポレオン一世の最初の妻）とバラ、楊貴妃とムスクといったように、香りは時代や文化をこえて共通する自己表現のひとつであり、また、それを纏《まと》っている人物の名刺代わりでもあります。日本では、部屋全体に香りを焚《た》き染《し》める「空薫物《そらたきもの》」(今でいう、ルームフレグランスです)や、衣《ころも》に香りを焚き染める「薫衣香《くのえこう》」がひろく行われてきました。もちろん、平安の頃の天上人《てんじょうびと》たちにとって、これらは余興《よきょう》であるとともに、アイデンティティでもありました。現代とは違って、異性と会うときは御簾《みす》や屏風《びょうぶ》などの仕切《しき》り越《ご》し。そのため、陰影の多い建物内では、蝋燭の灯《ひ》がゆらゆらと揺れる不規則な光の「グラデーション」をつくっていました。闇のなかでゆらめく幽《かす》かな光の「匂い」のなかで暮らしていた人々にとって、光の届かない場所であっても、香りはその存在を他に知らしめてくれるものだったのです。目に見える境界線が不確かな空間で、香りは自分というものを、自他ともに確かめさせてくれる媒体であったとも考えられます。

黒髪の香り

焚いた香木からゆらゆらと立ちのぼる煙。その消えゆく煙とともに、「祈り」から出発した香りですが、いつしか空薫物《そらたきもの》や薫衣香《くのえこう》のように、数種類の香材を調合してつくる「合香《あわせこう》」、なかでも粉末状にした香材を甘葛《あまづら》（ツタなどの樹液を煮詰めた甘味料）などといっしょに練りあげて熟成させた「練香《ねりこう》」が主流になると、香りはたのしむものへと変化していきました。香りを愛《め》でることは、教養や嗜《たしな》みの一つとされ、薫物の優劣を競うような薫物合わせなどのあそびも行われるようになりました。つまり、目に見えないものとの対話である祈りや悟りの補助道具であった香りが、目には見えない心を表現するもの、人々の余興や自己表現のための道具として、新しい役割を担《にな》いだしたのです。

図１　十二単と束帯
大阪大学外国語学部の授業「日本文化論」（津田大輔氏）における着装。モデルは当日参加の学生（2010年12月14日撮影・栗原）。

空薫物《そらたきもの》や薫衣香《くのえこう》が生みだされたころ、成人女性は公服として女房装束《にょうぼうしょうぞく》、いわゆる「十二単《じゅうにひとえ》」や小袿《こうちき》、袿、細長《ほそなが》を、成人男性は束帯《そくたい》、衣冠《いかん》、直衣布袴《のうしほうこ》（直衣）、狩衣《かりぎぬ》を、それぞれ身分や場面に応じて身に纏《まと》っていました（図1）。とりわけ女性は背丈《せたけ》ほどの、またはそれ以上の長い黒髪を垂れ髪《たがみ》、つまり結《ゆ》うことなく垂らしていましたので、装束とあわせると大変な重さでした。現代では、蛇口をひねるだけで熱い湯が出ますので、好きなときにシャワーを浴びたり、ドライヤーで髪の毛をさっと乾かしたりすることができますが、当時の人々にとって、毎日風呂に入ることはおろか、髪の毛を洗うこともめったになく、米のとぎ汁などで洗っていました。髪の毛の長い女性にとって、洗髪作業は一日仕事だったため、陰陽師《おんみょうじ》に良い日を占ってもらい、一大イベントとして臨《のぞ》んだのです。あの清少納言（九六六頃〜一〇二五頃）も、「髪の毛を洗って、化粧をし、香を焚きしめた衣類に袖をとおす」[1]とウキウキと心躍《こころおど》ったとか。そんな当時の女性の洗髪の風景が、さまざまな作品に残されています。

十世紀後半に作られた、当時の貴族社会を描いた『宇津保《うつほ》物語』巻十四「蔵開」中には、

宮さまは、朝早くから日が暮れるまで、御髪《おぐし》を洗われます。湯汁で度々《たびたび》洗い、おそばに女房たちが並んでお手伝いします。清水できれいに流してから、背丈の高い御厨子《みずし》の上にお布団を敷いて、御髪を乾かされます。仁寿殿《じじゅうでん》のお部屋のまえの廂《ひさし》に向かって、御厨子（戸棚）を横向きに立てました。母屋《おもや》の御簾《みす》（すだれ）を巻きあげ、風を通し、御《み》几帳《きちょう》（ついたて）を立てました。宮さまのお部屋に火桶を置いて、火を熾《おこ》し、薫物を焚いています。濡れた御髪の湿り気を女房たちが拭きとりながら、宮さまの御髪を炙《あぶ》って、薫物の香りを焚きこめます。

とあり、女性たちは生乾《なまがわ》きの髪の毛に香を焚《た》き染《し》め、いわゆるヘアフレグランスとして利用していたことがうかがえます。ひんやりとしていながら、しっとりと手に重い射干玉《ぬばたま》色の豊かな黒髪から、ふとした瞬間にやわらかく香りがたちのぼる。その香りは薫りたつと同時に儚《はかな》く消えてしまい、相手の心を掴《つか》んで離しません。幻《まぼろし》のような一瞬に心に沁《し》みいった香りは記憶として残り、その記憶は母として、娘として、姉妹として、妻として、女性として、いついつまでも匂いたったのでしょう。

六種《むくさ》の薫物《たきもの》

好みの練香をつくり、部屋や衣類、身の回りの小物や文具、そして自身の髪の毛までも焚き染めて、香りのなかで暮らしていた人々ですが、数種類の香材を組みあわせてオリジナルの香りを作っていました。なかでも人気の高かったものが、「沈香《じんこう》」・「丁子《ちょうじ》」・「貝香《かいこう》」・「白檀《びゃくだん》」・「麝香《じゃこう》」・「薫陸《くんろく》」の六種類で、「六和香《ろくわこう》」と総称されていました。この六和香を中心に調合され、練香の基本とされていたものが六種類ありました。いわゆる「六種《むくさ》の薫物《たきもの》」と呼びならわされている香りです。〈梅花《ばいか》〉、〈荷葉《かよう》〉、〈侍従《じじゅう》〉、〈菊花《きくか》〉、〈落葉《らくよう》〉、〈黒方《くろぼう》〉の六種で、季節や場面に応じて使い分けられていました。もちろんこの六種類を含め、香材の選び方や調合方法である「方」は、それぞれの家に代々伝えられるものであり、薫物の方は言わば、門外不出の秘伝でもありました。そのため、夫婦といえども、薫物をつくるときは部屋から配偶者を締めだすという厳重体制で行っていたのです。その場面は、「むらさきの文学」、「香りの文学」と称される『源氏物語』第三十二帖「梅枝」のなかにも描かれていま す。光る君が紫の上、朝顔の斎院、花散里の君、明石の君らと、薫物合わせの遊びをする場面です。さて、このときに光る君がつくられた薫物は、承和《じょうわ》の秘方とされた薫物〈坎方《かんぼう》〉〈黒方〉の異名）と〈拾遺《しゅうい》〉（〈侍従〉の異名）でした。薫物の方は親から子へ、子から孫へと伝えられるものですが、室町時代の初期に四辻善成《よつつじよしなり》（一三二六～一四〇二）が作成した『源氏物語』の注釈書『河海抄《かかいしょう》』巻十二には、次のように記されています。

此両種方、不伝男耳、是承和仰事也。
（この二種類、坎方と拾遺の方は、男には伝えてはならない。これは承和の仰せ事である）

承和年間（八三四～八四八）、仁明《にんみょう》天皇（八一〇～八五〇）が坎方と拾遺の薫物の方を男児には伝えてはならないと決められた「承和の御いましめ」です。物語の登場人物ではありますが、臣下にくだって源氏の姓をたまわったとはいえ、光る君は桐壺帝の皇子。一体どうやってこの二つの方を入手されたのでしょうか。いろんな推測ができますが、こんな不思議があるからこそ、光る君は人々の心に輝きつづけられているのかもしれません。物語のなかでは、紫の上の〈梅花〉、朝顔の斎院の〈黒方〉、花散里の君の〈荷葉〉、明石の君の〈百《ひゃく》歩《ぶ》〉、そして、光る君の〈黒方〉と〈侍従〉と五つの薫物がでてきますが、それぞれの香りについて、〈菊花〉・〈落葉〉とあわせて、お話しましょう。

紫式部も記しているように、六種の薫物には、ほぼ季節が決まっていました。現在でも、春には軽やかな花の香り、夏には柑橘系の爽やかな香り、秋には少し甘みを含んだ苔の香り、そして冬には樹脂のじんわりとあたたかい香りを好まれる方が多いと思います。当時も、香りのイメージをつかって、それぞれの季節を匂いでも感じていたのです。

あでやかな〈梅花〉

〈梅花〉はその名のとおり、うめの花（図2）の香りを模《も》してつくった香りです。春にもっともよく使われ、藤原冬嗣《ふゆつぐ》（七七五～八二六）[2]がつくったものです。うめの花は「春告《はるつげ》

図2 うめの花
（撮影・栗原）

草《ぐさ》」や「匂花《においばな》」とも呼ばれていたとおり、松の緑が雄々《おお》しく映《は》える雪のなか、黒褐色のごつごつとした枝の先にぽっと浮かびあがるように咲くうめは、香りとともに春の到来を告げる花とされてきました。そのためか、〈梅花〉は砂糖菓子のような甘さのなかに、どこか爽やかな清涼感のある香りです。香りの強い白梅というよりも、甘さのある紅梅に近い香りでしょうか。冷たい早春の風は、浮《う》き足立《あしだ》つような春の陽気とともに、「もう雪どけです。さぁ、春ですよ」と、冬の眠りからまだ覚《さ》めやらぬ身体《からだ》を揺りおこします。寒さに閉じこめられていた池の黒い氷はゆっくりと解《と》けていき、池の縁《ふち》に少しだけ氷を残したようなあかるい花緑青《はなろくしょう》色の水に変わります。春の日ざしに照らされて、解けはじめた雪のしずくは力溢《ちからあふ》れる透明なきらめきとなり、辺りをまばゆい光の香りで包んでいきます。大地は、あのずしりと重たい雪の下にあったとは思えないほどふんわりとやわらかく、足元からも生命の息吹《いぶき》が感じられます。新しい年のはじまりを無邪気によろこんでいる乙女のような香りは、時代を越えて、聞くひとの気持ちを和《なご》やかにしてくれる、麗《うら》らかな春そのものです。沈香・丁子・甲香《こうこう》を中心に、甘松《かんしょう》・白檀・薫陸・麝香・占唐《せんとう》（詹糖《せんとう》）が華やかさを添えています。

涼やかな〈荷葉〉

はすの葉を意味する〈荷葉〉は、はすの花（図3）の香りを模したもので、もちろん季節は夏。こちらは源公忠《きんただ》（八八九～九四八）が天暦六（九五二）年二月二日に考案しています。空がまだ薄暗く、日の光もない早朝、ひんやりと冷たい水のなかから、はすのつぼみがすっくと立ちあがります。ゆっくりと時間をかけて、はすの花はそっと開きます。一日目はほんの少し。そして、日が昇りはじめると、香りを閉じ込めるかのように、花びらを閉じます。そして、二日目、三日目には、日が昇るまでの短い時間、甘い香りとともにまばゆいまでの美しい姿を見せてくれます。薄紅色や純白のはすの花が、深い朝靄《もや》のなか、甘く誘うように薫る姿は神々《こうごう》しく、美しい天女のようです。いつまでも眺めていたいという思いを抱《いだ》かせる姿も、四日目になると花びらが散りはじめます。蒼《あお》くけぶる靄《もや》のやわらかな光を浴びて、

図3 はすの花
（撮影・著者）

はすの花の天女たちが姿を現す四日間。毎朝、天女たちは水浴びをします。天女たちの動きにあわせて、時折、水面《みなも》が白銀色に輝くのは、前日に夏の力強い日の光が燦々《さんさん》と降りそそいだ名残《なごり》でしょうか。天女たちの水浴びを邪魔しないよう、残っていた夜の冷気と太陽に温められた空気が、じっと動かずに待っている。天女たちの清々《すがすが》しさが、そんな早朝にいちばん薫りたつのも、風が水浴びを見守っているからでしょう。はすの花が岸から遠くはなれて咲いていくのを見るたびに、そんな情景が想像されます。はすの花が開くとき、ポンと音を立てると実《まこと》しやかに言い伝えられているのも、あの神秘的な姿だからかもしれません。爽やかさのなかに、陶酔《とうすい》させるようなまろやかさを含んだ涼風のように、何とはなしに落ちつく香り。〈荷葉〉は、私たちが瞬《また》きのなかに生きていることを思い起こさせてくれる、ほっとする香りです。沈香・甲香・丁子に、甘松・白檀・熟鬱金《じゅくうこん》・藿香《かっこう》が爽やかさを醸《かも》しだしています。

ぬくもりの〈落葉〉

夏の終わりに、かすかな痛みにも似た物哀《ものがな》しさを感じながら過ごしていると、いつの間にか暦《こよみ》は秋。その秋も一段と深まり、すぐそこに冬の気配が感じられる晴れた日の午後。足元には、かさかさと音をたてて風にあそび舞う落ち葉。音とはうらはらに、一枚一枚の落ち葉は、まばゆいばかりの日の光を受け、蜜のような樹液の甘い香りをやわらかく放っています。枝を離れたばかりの落ち葉と土の上で長く過ごしている落ち葉。やわらかさも香りも違う落ち葉の絨毯《じゅうたん》を踏みしめながら、秋の香りをたのしむ方も多いのではないでしょうか。

そんな落ち葉の香りを模したという〈落葉〉ですが、たった一枚の落ち葉というよりも、苔生《こけむ》した土のうえで何層にも重なった落ち葉のようです。あたたかみのある甘い香りの遠くのほうで、かすかに土や苔のしっとりとした匂いがします。ふんわりと暖かい落ち葉のぬくもりを布団代わりに、春を待ちわびながら長い冬を眠り過《す》ごす動植物。一体どんな夢を見るのでしょうか。きっと、春のやわらかな日差しに目を細めている夢でしょう。人肌《ひとはだ》が恋しくなるような晩秋の香りの〈落葉〉。沈香・丁子・甲香に、薫陸・麝香・甘松があたたかみを加えています。

「あはれ」の〈侍従〉

〈侍従〉は、別名〈拾遺《しゅうい》〉。

秋風蕭颯《しょうさつ》たる夕、心にくきおりふしものあはれにて、むかし覚ゆる匂によそへたり[3]

（秋風が吹く夕べ、人恋しい季節にしみじみと心が惹かれ、昔のことが思い起こされるような香りに譬えました）

秋に多用される香りで、藤原冬嗣が完成させたとされる〈侍従〉は鎌倉の頃にできた香の書に、こう記されています。季節の移《うつ》ろいを「あはれ」と感じながらも、感傷的な過去に束縛されることなく未来を見据えて現在を生きるひとの背中を押す香り、とでも譬《たと》えましょうか。〈梅花〉や〈荷葉〉に比べると華やかさには欠けますが、懐かしい甘さという表現がいちばん合っているように思えます。

幼心《おさなごころ》にあこがれを抱《いだ》いて追い求めながら、追いつけないことによる焦りや、偉大すぎる存在に反発を繰りかえしていたあの頃。ときには近くで、またときには遠くから、相反《あいはん》する想いを胸に見つめていたあのひと。けれど、時の流れとともにその想いも遠のき、淡々《たんたん》と日々を過ごすようになっていた。

あまりの風の強さに歩みを止めたある秋の夕暮れ時《どき》、風の吹き去った先に目を遣《や》ると、色《いろ》褪《あ》せはじめた木立《こだち》のなかに、懐かしいあのひとがいる。うれしい驚きに言葉をさがすが見つからない。あのひととどんな話ができるだろう。いまの私は、あの頃のあのひとに追いつけているだろうか。いまの私を、あのひとは「それでいい」と言ってくれるだろうか。あのひとはまた、ともに前を見てくれるだろうか。そんな不安で何も言いだせずにいる私に、あのひとはただ頷《うなず》き、私の背にそっと手を添えてくれた。溢《あふ》れんばかりのよろこびが湧きあがった瞬間、また風が強く吹く。次の瞬間、隣にはもう誰もいない。あれは、秋風がみせた幻影だったのか。なんと甘美な幻影だったろうか。ふたたび湧きかえったあこがれをまた胸の奥にそっと仕舞いこんで、前に歩きだす。

〈侍従〉は、少し湿ったような甘い土の香りの秋風がみせてくれる幻影のなかに、そっと佇《たたず》んでいるひとが纏《まと》っている「匂い」です。沈香に、丁子・甲香・甘松・熟鬱金が深みを加えています。

凛とした〈菊花〉

空気が冷たく乾きはじめるや、草木が赤く色づき、水の色も澄んだ翡翠《ひすい》色へと変わる晩秋。完全な冬がやってくるまでのしばらくの間、水は春の花緑青《はなろくしょう》色によく似た、けれど透明度の高い翡翠色へと姿を変えます。苔のようなやわらかい翡翠色の水を、水晶の層で蓋をしたような、涼やかさと暖かさ、そして来たる冬の冷たい風すべてを閉じこめたような色合い。時折、日の光をまぶしいほどに跳ねかえしているのは、夏のあの緑の恵みや清々《すがすが》しい空の青さを懐かしんでいるからなのでしょうか。それとも、どんなときも天に向かってまっすぐに伸びる凛としたきくの花の美しさに酔っているからなのでしょうか。

きくの花といえば能の「菊慈童《きくじどう》」（第三章「重陽の節句」で詳しくお話しします）が思いだされるように、秋の水に映るきくの花の姿には、格別の趣きがあります。〈菊花〉は〈梅花〉と同様、きくの花の香りを模《も》したもので、きくの花が野に咲き誇っているような秋の香りです。きくの花独特の凛とした冴《さ》え冴《ざ》えしい香りは小さなきくの花、清涼感のある香りのなかに時折、甘く香るのは大輪のきくの花。爽やかな〈荷葉〉とはまた一味《ひとあじ》ちがって、〈菊花〉

を焚き染めた部屋は空気が澄みわたっていくようです。〈菊花〉の考案者は、残念ながら〈落葉〉と同様、伝わっていません。しかしながら、見るひとが気圧《けお》されてしまうほどの優雅さをもつ大輪と、道行く人々の疲れを癒し、たのしませてくれる小さなきくの花。白色や黄色、紅色のきくの花の気品あふれる雅《みやび》やかな姿が心に浮かぶ香りです。沈香・丁子・甲香に、薫陸・麝香・甘松が花を添えています。

強さと美しさの〈黒方〉

六種の薫物のなかでも、その格式高い香調から、四季を通して、儀式や祝いの席などでも好まれた〈黒方《くろぼう》〉。〈烏方《うほう》〉や〈坎方《かんぼう》〉とも呼ばれ、「冬凍氷時、深有其匂（冬に氷が張ったときの香り）」を模したものであるため、もともとは冬の香りでした。この〈黒方〉も、〈梅花〉・〈侍従〉とあわせて藤原冬嗣が考案したものです。別名の〈坎方〉ですが、易《えき》の八卦《はっけ》で「坎」は上から陰爻《いんこう》・陽爻《ようこう》・陰爻の形象「☵」で、北の方位や自然の水を意味し、五行説で「水」は北の方位や黒色を表します。自然の水は、季節によってその色を自在に変えていきます。春の花緑青色にはじまり、夏の透明な白銀色、秋の深い翡翠色、そして、冬の冷たくどこまでも深い黒色。冬の水の色である黒から〈坎方〉という別名もつけられたのでしょう。〈烏方〉も同じく、その名のとおり、美しい漆黒と呼ぶにふさわしいカラスの濡《ぬ》れ羽《ば》色によるものです。

この〈黒方〉の香りを聞いていると、真冬の冴《さ》えわたる夜が心に浮かびます。身を刺すような冷たい夜、天空には透明な漆黒がグラデーションを描き、雪は昼間とは打って変わって大きな声で話している。ただ一人雪のなかで、この大きな空を見上げてみると、月がまばゆいばかりに光り輝いている。人々は暖かな繭《まゆ》にくるまるように深くやわらかな眠りについている頃だろう。そんな時間に、冬の空にそっと抱きしめられてみる。重く覆いかぶさるようなあまりの存在感に圧倒され、天に押しつぶされそうになる。かるく眩暈《めまい》を覚えながらも踏みとどまろうとするとき、星たちの密《ひそ》やかな光の旋律が降りてきます。小さいながらも迷いのない光の音色は雪に反響し、漆黒のなかに光が浮かびあがる。弱々しく輝く光が重なりあって織《お》りなす冬の夜のシンフォニーに気持ちが和《やわ》らぎ、明日という進むべき道筋を再確認する。重厚な伝統を背負っているときでも、つねに瞳は真正面を見据えていよう。そう心に決めた冬の夜。深く包みこまれるような甘さのなか、時折、顔をみせる凛とした香りは、心細い冬の夜に見上げた空に輝いていた星を想わせます。沈香・丁子・甲香に、白檀・麝香・薫陸が趣《おもむ》きを添えています。

〈百歩〉先からの香り

そして、最後に〈百歩香《ひゃくぶこう》〉。これは六種の薫物ではありませんが、当時の香のなかでは一風変わったものでした。その名のとおり、〈百歩〉（約一八〇メートル）[4]先まで香るという、薫物のなかでは非常に強く薫りたつものでした。元来、香《こう》の原料は、西洋の香水とはちがってアルコールのような揮発性のものが非常に少ないため、香りはとても秘めやかで、限られた範囲にしか香りは届きません。しかも、寒いときや湿度の低いとき、香りは甘さが抑えられ、より控えめになります。そのため、少しでも香りを強くし、また、たのしめるように空薫物や薫衣香が発達したのであり、すれ違いざまの香りや残り香、移り香を歌や詩に詠《よ》んで「あはれ」を味わっていたのです。そんな香文化のなかで遠くまでその香りが漂う〈百歩香〉に、人々はさぞ驚き、心を奪われたことでしょう。〈百歩香（承和百歩香）〉はたくさんの香材を使っている薫物で、その数《かず》たるや、なんと十一種類。甲香・蘇合《そごう》・占唐・白檀・零《れい》陵香《りょうこう》・藿香・甘松・乳頭香《にゅうとうこう》・白膠《ぬるで》・麝香・鬱金をふるいにかけ、蜜で練り上げ、甕《かめ》にいれて埋める、つまり熟成すること二十一日、その後焼きあげるという非常に手間のかかった薫物でした。しかし、手間をかけるだけあって、〈百歩〉先まで香る薫物とは、きっと人々の羨望の的《まと》だったのでしょう。独特の華やかな薫りたちの〈百歩香〉はいつか手にしたい香り、だったのかもしれませんね。

先にもお話したとおり、薫物の基本は一家相伝。本来ならば、家々の薫物の方は秘伝だったのですが、平安末期、薫物方の集成の勅命を賜った藤原範兼《のりかね》（一一〇七～一一六五）が『薫集類抄《くんしゅうるいしょう》』を記したため、現在はさまざまな方やその特徴をうかがい知ることができます。しかし、同じ名前の香材であっても、産地によって香調は異なります。産地までは記載されていないため、完全に再現することはできませんが、当時の人々がどんな香りをたのしんでいたのかを、いまに伝えてくれています。

香料を細《こま》かに挽《ひ》きながら香りを混ぜあわせていく。さまざまな香りが満ち満ちている空間のなかで、それぞれの香りの特徴をもちながら、そのいずれとも異なる新しい一つの香りが生みだされていく。勝手気ままに不協和音をかき鳴らしていた一つ一つの香りが、薫物という姿になると、一つの心地よい和音となって音楽を奏《かな》ではじめます。香材という「有」から生まれた「有」の薫物は、火をつけて燻《くゆ》らせることで、触れることも、見ることもできない「無」の香りとなります。存在を確かめることのむずかしい香りですが、聞くとその余韻までも味わうことができ、心に記憶されます。

そして、香りは、「祈り」から「様式」や「美意識」に則《のっと》ったものとなると同時に、いつしか生活のなかに、より深く根ざしていったのです。

1　『枕草子』第二十九段「心ときめきするもの」（『日本古典文学大系19』岩波書店、一九五八年）。

2　藤原冬嗣（七七五～八二六）は、平安時代前期の公卿で、藤原北家《ほっけ》繁栄の基礎を築いた人物。初代蔵人頭《くろうどのとう》、右大臣、左大臣を歴任した。養老律令の補充法典である『弘仁格式《こうにんきゃくしき》』や有職故実《ゆうそくこじつ》書（儀礼書）の『内裏式《だいりしき》』の撰集、施薬院や教育施設である歓学院の設置にあたった。邸宅の名前をとって、閑院《かんいん》大臣と呼ばれていた。

3　「春は梅花、むめの花の香に似たり。夏は荷葉。はすの花の香に通へり。秋は落葉。もみぢ散頃ほに出てまねくなるすすきのよそほひも覚ゆなり。冬は菊花。きくのはなむらむらうつろふ色。露にかほり水にうつす香にことならず。小野実頼宮殿の御秘法には、長生久視の香なりとしるされたり。黒方。冬ふかくさえたるに、あさからぬ気をふくめるにより、四季にわたりて身にしむ色のなづかしき匂ひかねたり。侍従。秋風蕭颯たる夕、心にくきおりふしものあはれにて、むかし覚ゆる匂によそへたり」『後

伏見院辰翰薫物方』（『群書類従』第十九輯所収）。

4　一歩＝六尺。唐尺（二九・六九四センチメートル）で算出した。

三、五節句の香り

奈良の頃、宗教や医療を通じて人々の生活に入ってきた香りですが、つづく時代の人々も薫物という香りで生活を彩っていました。みなさんは、「平安時代」と聞いて、何を最初に思い浮かべられますか。自然の彩りをそのまま写しとったかのような、あの色艶《つや》やかな襲《かさね》や、風の香りや虫の音を愛《め》でていた遠い昔の人々の暮らし、貴族たちの華やかな恋の駆け引きですか。それとも、たった三十一音の和歌に込められた情景でしょうか。

和歌にも香りにまつわるものが多数あります。どなたにもお好きな歌や諳《そら》んじたことのある歌が一首はあるのではないでしょうか。有名な六歌仙（在原業平《ありわらのなりひら》・僧正遍照《そうじょうへんじょう》・喜撰法師《きせんほうし》・大友黒主《おおとものくろぬし》・文屋康秀《ふんやのやすひで》・小野小町《おののこまち》）の歌かもしれませんし、「よみびとしらず」の歌かもしれません。いずれの歌にも、詠《よ》み手の心情や四季折々の生命の輝きが、羨ましくなるほど自由奔放に表現されています。年齢や性別、文化を問わずにお気に入りの一首が見つかるのは、そんな世界にふと、心惹《こころひ》かれてしまうからなのでしょう。

人日の香り

薫物文化が発展した平安の頃、香りそのものを使うことはもちろん、季節ごとの行事でも、香りは重要な役割を担っていました。人日《じんじつ》・上巳《じょうし》・端午《たんご》・七夕《しちせき》・重陽《ちょうよう》の五節句も、香りに包まれた行事でした。年が明けてすぐに祝うのは人日の節句。陰暦一月七日で、七草粥を食べて一年の無病息災や豊作を願うものです。正月の最後には、春の香りいっぱいの七草粥を食べるという方もいらっしゃるでしょう。この粥を食べる習慣ですが、わが国では平安の頃に始まり、庶民に広まったのは江戸の頃でした。現在、七草粥といえば、せり・なずな・ごぎょう・はこべ・ほとけのざ・すずな・すずしろの七種類の若菜を入れた粥のことですが、当初は、上元（陰暦正月一五日）の日に食べる、小豆など七種類の穀物を入れた粥だったことがわかっています。

万葉の頃から、日本には春の若菜を摘む習慣がありました。この習慣が、人日の若菜摘みという宮中の貴族たちの年中行事となり、羹《あつもの》（スープ、または雑炊）を食べるという中国の風習と相俟《あいま》って、時代とともに、穀物から七草へと変わり、七草粥になったと考えられています。中国の人日ですが、正月一日を雞《とり》日、二日を狗《いぬ》日、三日を羊《ひつじ》日、四日を豬《ぶた》日、五日を牛《うし》日、六日を馬《うま》日、そして七日を人日として、それぞれその日限りは不殺にするという習わしでした。正月というめでたい新年、人日の日だけは処刑が行われることはなかったのです。そんな中国での人日の羹と上元の粥について、南北朝と呼ばれる時代に存在した王朝・梁《りょう》（五〇二～五五七）の荊楚《けいそ》地方（現在の湖北・湖南の両省あたり）の年中行事や風俗習慣について書かれた『荊楚歳時記』にこう記されています。

正月七日、人日と為し、七種の菜をもって羹《あつもの》と為《な》す。……正月十五日、豆糜《とうび》を作り、油膏を其の上に加えて、以って門戸を祠《まつ》る。

（正月七日を人日といい、七種類の具材でスープを作る。……正月十五日、豆糜（豆の粥）を作り、その上に油を加えて、門戸に置いて神々を祀る）

詳しい作り方が記されていませんので、どんな羹（スープ）・粥だったのかは不明ですが、新年を祝うにふさわしいものだったに違いありません。『枕草子』を書いた清少納言も、人日の若菜摘み、そして上元の小豆粥について、第三段「正月一日は」に記しています。

正月七日、雪が残る野での若菜摘み。青々《あおあお》としている若菜。普段は若菜なんて気にも留めないけれど、みんなでワイワイ言いながら摘むのはホント最高！……

十五日、節句の食膳を用意し、小豆の粥を炊いた燃え残りの木をこっそり隠して、身分の高い女房たちが「絶対に打たれないわよ！」といつも後ろを気にしている様子って、私、大好きなのよね……

当時、粥の木（粥杖）で子どものいない女性の腰を叩けば、男の子が生まれると信じられており、宮中では互いに粥の木で叩きあって遊んだといいます。女房装束（十二単）と呼ばれる重ね着、今でいうウォームビス真っ盛りの衣装とはいえ、棒でポンポン（もしかしてガツンと？）叩かれるというのは何とも言えない風習ですが、宮中の女房といえば「超」が付くほどの高級官僚、いわゆるキャリア組として働いている彼女たちにとって、同僚と仕事の合間《あいま》に息抜きができる行事だったのでしょうね。

早春のまだ雪のなか、若菜を摘む光景を歌にしたものも多く残っています。なかでも、光《こう》孝《こう》天皇（八三〇〜八八七）が親王でいらっしゃったころに詠まれた歌をご存知の方も多いのではないでしょうか。

君がため　春の野に出でて　若菜摘む　わが衣手に　雪は降りつつ

愛しいひとを想いながら若菜を摘んでいると、黄丹《おうに》色の袖に寄り添うように雪がふわりふわりと舞いおりては消えていく。早春の透きとおった冷気に包まれながら、親王はどんな種類の若菜を摘まれていたのでしょうか。食用としても使われていたすみれ[1]や、せりでしょうか。一摘《ひとつ》みするごとに、若菜のつんとした青く瑞々《みずみず》しい香りが、迷うことなく冷たい空気を一直線にかき分けて薫ってくる。長い冬のあいだ眠っていた身体が、その香りに内側から徐々に目覚めていく。しかし暦の上では春とはいえ、まだまだ寒さが厳しく、ときどき息で冷たい手を温めながらの若菜摘み。風と戯《たわむ》れている一つ一つの小さな雪の姿を目で追っていたのも束《つか》の間《ま》、気がつけば空から雪のかけらが次から次へと、音をのみ込みながら舞いおりてくる。手を少し伸ばせば届く場所に従者の姿が見えている。しかし、雪はまるで親王をひとり占めするかのように、雪と親王だけの音のない世界を作りあげていく。時折、誰かが若菜を摘みとる音やあそびに興《きょう》じている声が遠くかすかに聞こえてくる。ひとひら、またひとひらと文綾の袖に舞いおりてくる雪を、親王は振り払われたでしょうか。いいえ、きっと、雪を愛しいひとの手の化身《けしん》と思われて、染《し》みになるのを気にされることなく、袖から雪がすべり落ちないよう、そっと若菜摘みを続けられたことでしょう。そんな情景が思い浮かべられます。

上巳の香り

上巳《じょうし》の節句は、ももの節句と呼んだほうが一般的でしょうか。こちらも平安の頃に、紙や藁で作った人形に災厄を移して健康を祈ったり、田植え前に沐浴などをして心身を清める禊《みそ》ぎをしたりする風習が、もとの姿であったと言われています。この二つが合わさって、宮中での曲水《きょくすい》の宴《えん》（ごくすいのえん）や流し雛の行事となりました。曲水の宴も、もとは中国の行事でした。水辺での禊ぎの行事が、庭などに引いた水の流れに上流から酒の入った杯を流し、その杯が自分の前を通り過ぎるまでに詩歌を詠み、詠めなければその杯を乾《ほ》すという遊びに発展したものです。『荊楚歳時記』には、次のようにあります。

三月三日、土民並びに江・渚・池・沼の間に出で、流杯、曲水の飲をす。
（三月三日、地域の人々はみな、川や海岸、池、沼などで流杯、曲水の宴を行う）

現在でも、京都・城南宮をはじめ、各地の水辺で曲水の宴が催されていますので、ご覧に

図1　ももの実
（撮影・栗原）

なった方も多いでしょう。また、奈良・吉野川や鳥取・用瀬町、兵庫・龍野、京都・下賀茂神社や和歌山・淡島神社などへ、幼い頃に遊んだ人形を奉納された方や、お嬢さまやお孫さまの健康と成長を願って人形を納められた方もいるでしょう。この流し雛の様子は、『源氏物語』第十二帖「須磨」にも、三月上巳の日の海辺での厄除けの神事である祓《はら》えとともに描かれています。

さて、その上巳の節句の主役、ももは中国原産で、さくらの花によく似た淡紅色のかわいい五弁の花が春に咲き、夏には甘い果実が実り、渇いたのどを潤《うるお》してくれます（図1）。種子である仁（桃仁《とうにん》）には消炎および抗菌の薬能があり、消炎性駆瘀血や鎮痛、通経・浄血の生薬として用いられてきました。上巳の節句とももの関係ですが、無論、ももの花が咲く頃に行われる行事ということが大きな要因であることは間違いありませんが、それに加えて、ももの実が不老長寿のシンボルであり邪気を払うという中国思想の影響もあります。道教では、中国・崑崙《こんろん》山に住むという伝説の長寿の女神・西王母《せいおうぼ》が、三千年に一度花が咲き、実を結ぶというももの木を育てていたとされています。

また、ももの木で作った剣や弓で邪気を払うことができるとも伝えられています。『古事記』神代記や『日本書紀』巻一（神代上第五段一書第九）にも、亡くなった妻・伊耶那美命《いざなみのみこと》を迎えに黄泉《よみ》の国（冥界）まで行った伊耶那岐命《いざなぎのみこと》が、鬼女である黄泉醜女《よもつしこめ》らから逃れる際に、ももの実を投げて命拾いをした話があります。『古事記』によると、

イザナギノミコトは、（蛆虫《うじむし》がわき、姿の変わり果てたイザナミノミコトを）見るや恐れをなして逃げかえろうとしたが、イザナミノミコトは姿を見られたことに気づいて「私を侮辱しましたね」といい、ヨモツシコメにイザナギノミコトを追わせた。イザナギノミコトが黒色の絹でできた髪飾りを投げ捨てたところ、そこからガマ（山ブドウ）が生えた。ヨモツシコメがそれを拾って食べているあいだ、イザナギノミコトは必死で逃げたが、ヨモツシコメは食べ終わるやまたも追いかけてきた。今度は、右の角髪《みづら》に挿していた櫛（湯津々間櫛《ゆつつまくし》）の歯を折って投げ捨てたところ、そこから筍が生えた。ヨモツシコメがそれを引き抜いて食べているあいだ、イザナギノミコトは必死に逃げた。今度は後ろから八種類の雷神が、一五〇〇もの黄泉の軍勢を率いて追いかけてきた。イザナギノミコトは腰に提《さ》げていた十拳剣《とつかのつるぎ》（拳《こぶし》を十個並べた長さの剣）を抜き、後ろ手で振りまわしながら逃げた。それでもなお、追手はやってきた。黄泉の国の入り口の坂道、黄《よ》

泉《み》の平坂《ひらさか》へたどり着いたイザナギノミコトは、そこに生えていた桃の木から桃の実を三つ取って投げつけた。すると、追手はみな逃げ帰っていった。そこで、イザナギノミコトは、桃の実にこう言った。「あなたが私を助けてくれたように、この葦原《あしはら》の中《なか》つ国《くに》（日本）の人々が困っているとき、苦しんでいるときには、助けてあげてください」そうして、意富加牟豆美命《おおかむずみのみこと》（大いなる神の霊威の命）という名前を桃に与えた。

これが、たけのこ、やまぶどうの誕生の由来です。これからは、木の芽和《あ》えや若竹煮が食卓にあがった日や、山で甘いやまぶどうの実を見つけた日には、きっとありがたいと感じられるはず（?）。それはさておき、こうして、ももは日本では厄除けのシンボルとして愛でられてきたのです。そんなももの力に恃《たの》んで、百歳《ももとせ》までも長命を保てるよう、節句の日にはももの花で作った桃花酒を飲む風習が残っている地域もあるのではないでしょうか。一口呑むごとに、ももの花の甘い香りが、酔いとともに全身にじんわりと染《し》みわたっていく。身体の中でも、春が来たと思える味です。

さて、現在では女の子の祭り、雛祭りと呼ばれている上巳の節句ですが、はまぐりを食べたり、菱餅を用意したりする方もいらっしゃるでしょう。はまぐりは貝合わせにも使われ、対《つい》になった貝殻以外とは合わないことから、良き伴侶《はんりょ》との出会いの祈願とされています。また、菱餅は地域や時代によって色が異なりますが、白と緑の二色だったものが、明治の頃から現在多くの地域に伝わっているような赤、白、緑の三色に変わりました。諸説ありますが、赤はくちなしの実（生薬名・山梔子。くちなしの実には黄、赤、青の三色素が含まれています）入りで、ももの花のシンボル、白はひしの実（生薬名・菱実）入りで純白の雪、緑はよもぎ（生薬名・艾葉）入りで新緑を意味し、それぞれ魔除け、子孫繁栄、健康を意味します。もちろん、この三種は生薬としても使われているもので、山梔子《さんしし》は消炎、解熱、解毒、菱実《りょうじつ》は解熱や滋養強壮、艾葉《がいよう》は温経、止血などの薬能があります。厄除けの祭りにぴったりな食べ物だと思われませんか。

いまでは雛人形を飾る家庭も少なくなりましたが、飾りのなかには、右近のたちばなと、左近のさくらがあります。常緑のたちばなは冬季に果実がなり、果皮は乾燥させても香りが長期間残ります。そして、五月初旬から爽やかな芳香のある真っ白な花を木いっぱいに咲かせ、また結んだ実が長期間枝に残る[2]ため、永遠性や不老不死のシンボルとされてきました。また、さくらはその華やかさや独特の甘い芳香から繁栄のシンボルとして、現在も多くの人々に親しまれています。どちらも、歌によく詠まれてきましたが、なかでも香りのよいたちばなは、恋人の面影《おもかげ》の比喩としても詠まれてきました。

さつき待つ　花橘の　香をかげば　昔の人の　袖の香ぞする

よみびとしらずのこの歌は、たちばなの香りが漂ってきた瞬間、懐かしい遠い昔の恋人のことが思い出された、というものです。これは、ある特定の香りがそれにまつわる記憶を呼び起こすという、いわゆるプルースト現象（La Madeleine de Proust）[3]です。香りは鼻から入ると、嗅上皮《きゅうじょうひ》と呼ばれる鼻腔《びくう》最上部の皮膚に触れます。この嗅上皮の大部分は、香り感知センサーといえる嗅《きゅう》細胞（嗅神経細胞）のあつまりで、ここに香り物質が触れると電気信号が発生します。そして、その電気信号は嗅球《きゅうきゅう》を経由して、大脳辺縁系《だいのうへんえんけい》へ送られます。

視覚や聴覚、味覚、触覚は、合理的な思考や言語機能をつかさどる大脳新皮質《だいのうしんひしつ》に伝えられるのに対して、嗅覚は学習、本能や感覚的思考をつかさどる大脳辺縁系に伝えられます。そして自律神経系をつかさどる視床下部《ししょうかぶ》に達するのです。つまり、嗅覚は五感のなかで唯一、喜・怒・哀・楽などの感情や、摂食行動や性行動、記憶、睡眠などの本能的行動や心身のリラックスとも、深くかかわっているのです。嗅覚は他の感覚器官と比べて、とても原始的な感覚といえます。不思議ですね。

みなさんは、どんな想い出にまつわる香りを、記憶されていますか。

端午の香り

さて、たちばなの花が一斉《いっせい》に爽やかな香りをとき放つ五月に行われる祭りが、端午の節句です。江戸の頃、上巳の節句を女の子の祭りとしたように、五月端午の節句は男の子の祭りとされ、一般に広まっていきました。上巳の「ももの節句」に対して、こちらは「しょうぶの節句」。江戸の頃から、兜《かぶと》や鎧《よろい》、鯉のぼりを飾って、男の子の立身出世を願うようになりましたが、これは、「菖蒲《しょうぶ》」に「尚武《しょうぶ》」（武道を尚《とうと》ぶ）をかけた武家社会の流れに乗ったもので、たちばな同様、香りの良いしょうぶ（サトイモ科。観賞用のアヤメ科のハナショウブとは別の植物）、よもぎを使いました。しょうぶ、よもぎを屋根に葺《ふ》いたり、薬玉《くすだま》を提《さ》げたりして、邪気を払っていたことに由来しますが、もとは中国の風習[4]でした。当時は宮中だけではなく、庶民もしょうぶ、よもぎを屋根に葺いており、その様子が『枕草子』第三十九段に書かれています。

五節句は、五月（の端午の節句）が一番よね。しょうぶ、よもぎなんかが良い香りだし、本当にステキ。御所の屋根から庶民の家まで、工夫してたっぷりと（しょうぶ、よもぎを）葺《ふ》いている様子は、やっぱり新鮮に感じるのよね。一体、いつこんなことをするようになったのかしら。

外は曇り空で、裁縫係が中宮さまのところへ五色の飾り紐をつけた薬玉を持ってきたので、中宮様はお部屋の柱の左右に飾られたの。九月九日のきくの花を美しい絹で包んだものを同じ柱に飾って数ヵ月になるけれど、薬玉を代わりに飾られたから（きくの花の飾りは）捨てちゃったみたいね。薬玉はきくの花の頃（重陽の節句）まで飾っておくものなんだけど、飾り紐は他のものを結ぶのに使っちゃうから、ほんの少しのあいだしか飾らないのよね。

節句のお参りには、しょうぶの葉を（刀のように）腰に佩《お》びたり、しょうぶの葉（の鬘《かつら》）を頭に巻いたりして、いろんな唐衣《からぎぬ》や汗衫《かざみ》（童女の正装の表衣）なんかに、季節の花の枝や長い根を濃淡の色の組み紐で結びつけるのって、格別珍しいってわけじゃないけど、やっぱりイイわよね。春になったら咲くっていう理由で、さくらを見て、「まあまあだな」って感動しない人がいないのと一緒ね（ステキなものは、何度見たって、ステキだもの！）。……

> 紫根で染めた紙で梅檀《せんだん》の花を巻いたり、青い紙にしょうぶの葉を細くして結んだり、白い紙をしょうぶの根で結んだりするのも、とてもステキ。とても長い根を手紙のなかに入れていると、その手紙を受け取った方は絶対ウキウキするわ。「返事を書くわ！」って言いながら、手紙を見せあっている様子なんかも、とてもステキなのよね。……
> 夕暮れ時《どき》に、ほととぎすの歌声が聞こえてくると、ステキすぎてこれ以上ないって思うの。[5]

しょうぶ。そして、よもぎ。この二つはともに「青い緑の香り」という表現がふさわしい強い香りが特徴で、その特徴的な香りが邪気を追い払うと考えられていました。しょうぶの根[6]（菖蒲根《しょうぶこん》）は芳香性健胃や鎮静・鎮痛などの薬能がありますが、当時の端午の節句は旧暦の五月、つまり現在の新暦でいうと、ひと月《つき》ほど遅い六月頃にあたります。六月といえば梅雨。雨がしとしとと降り、日が沈むと時折、強い風が吹き荒れます。春のぽかぽか陽気にくらべて気温も低いため、体調を崩される方も多いと思います。そんな季節に、人々は香りの持つ力で、病気を追い払おうとしたのです。この端午の節句の頃に詠まれた歌に、藤原定《てい》家《か》のものがあります。

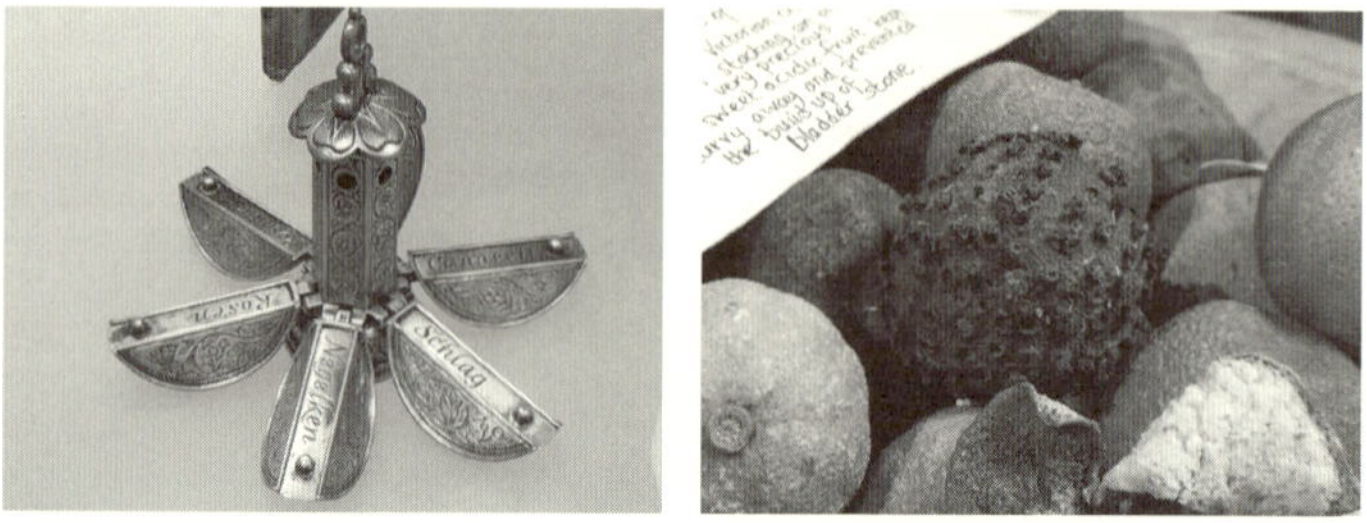

図2 ポマンダー

右はフルーツポマンダー。オレンジなどの果物の表面に丁子を挿し込む。さらに、リボンなどで装飾することもある。ロンドン古代手術室（Old Operating Theatre, London, UK）蔵。左は金属製ポマンダー。写真のものは、バラやシナモン、クローブなど6種類の香料を分けて入れられるようになっている。17世紀のドイツ製。リスボン薬局博物館（Museu da Farmácia, Lisbon, Portugal）蔵。（いずれも撮影・著者）

五月闇　空やはかをる　年をへて　軒のあやめの　風にまぎれて

端午の節句の前夜、何をするともなしに歩いていると、風に吹かれて木々の葉が音楽を奏でているのが聞こえる。目を閉じてそんな新緑の音色に耳を傾けていると、ふと空が薫っているように感じた。空が薫るということが実際にあるのだろうかと驚嘆して、空に目をやろうとしたとき、去年の節句に葺《ふ》いたであろう軒先のしょうぶ（あやめ）[7]が目に映る。あぁ、軒のしょうぶが風にのって薫ってきたのかと、一瞬の感動を詠《うた》ったものです。湿った空気が覆いかぶさるような梅雨時に、雨の香りをたった一瞬でも打ち消すような青い香りは、緩《ゆる》みかけた心を夏にむけて引き締めなおす役割もあったのではないでしょうか。

なかでも、薬玉は、沈香《じんこう》や丁子《ちょうじ》といった、現代でも香料として使用されている数種の香料を袋にいれて組み紐で飾り、これにしょうぶ、よもぎを添えたものでした。ペストやコレラが流行った中世のヨーロッパでも同様に、タッジーマッジーと呼ばれるハーブのブーケや、ポマンダーと呼ばれる薬玉（腰に提《さ》げていたボール状のもので、のちに金属製の凝《こ》った細工のものも作られました）（図2）がありました。古今東西、人々は香りをつかって病魔からわが身を護っていたのですね。しょうぶ、よもぎの瑞々《みずみず》しい青い香りに、沈香や丁子のようなあたたかな深みのある香りが、多重奏のようにゆっくりと時間をかけて一つに重なっていく日本の薬玉ですが、色とりどりの組み紐の飾りという目で味わう美しさだけでなく、香りの変化を聞くたのしみもあったのでしょう。なんとも羨ましい贅沢な一品です。

七夕の香り

つづく七月の祭りは、七月七日夕方の七夕祭り。幼い頃、願い事を書いた短冊を笹につるし、その笹を川や海へ流したり、神社で焼いてもらったりした方もいらっしゃるでしょう。しかし、笹に短冊をつるすのは江戸の頃からの風習で、もとはクワ科の落葉高木である梶《かじ》の木の葉に願い事を書いていました。織女星（ベガ）と牽牛星（アルタイル）の伝説に由来する中国の行事・乞巧奠《きこうでん》と、日本古来の棚機《たなばた》などからできたと言われている七夕のまつりですが、織女星と牽牛星の伝説はアジアのみならず、世界中で語りつがれてきました。内容も結末もさまざまですが、日本でよく語られている伝説をお話しましょう。

むかしむかし、天帝には、とても美しい娘・織姫《おりひめ》がいました。彼女は機織《はたお》りがとても上手で、彼女の織る布は天界で重宝されていました。彼女は遊ぶことなく、毎日せっせと機を織っていました。また、地上では、牛飼いの息子・彦星《ひこぼし》が牛を大切に育てていました。彼の育てる牛はとても立派で、みんな彼の牛を欲しがっていました。彼も遊ぶことなく、毎日牛の世話をしていました。ある日、天帝は、働き者の二人を結婚させようと思い、二人は夫婦になりました。しかし、二人は夫婦になってから、毎日川のほとりでおしゃべりをするだけで、すこしも仕事をしませんでした。天界では布がなくなり、地上では彼の牛が痩せ細って倒れていきました。そこで、怒った天帝は、二人に仕事をさせようと、会うのは一年に一日だけと決めたのです。二人は泣く泣く離れ離れになりましたが、以前のようにせっせと仕事に励むようになりました。こうして、二人は七月七日にだけ会えるようになりました。

幼い頃、七日の夜が晴れるよう、てるてる坊主を作ってお祈りをされませんでしたか。また、当日の夜が雨になり、かなしくて泣いていると、「一年振りのデートだから、地上からは見えないように神様が雨を降らせたのよ」となだめられたことのある方もいらっしゃるのではないでしょうか。ちなみに、七夕の前日、六日に雨が降ると、「洗車雨《せんしゃう》」と呼ばれます。牽牛が織姫に会いに行くために牛車を洗っているそのしずくが、雨となって降るからだとか。一年にたった一度のデート、気合いも入りますよね。ですが、七夕当日に雨が降ることもよくあります。この日の雨にも、もちろん、名前がつけられています。それが「催涙雨《さいるいう》」です。二人が会えずに流した涙が降りそそぐ雨とも、ひとときの逢瀬《おうせ》をたのしんだ二人が別れを惜しんで流した涙の雨とも言われています。せめて後者であって欲しいと願うのは私だけでしょうか。

現在の七夕の元となった乞巧奠と棚機ですが、まずは乞巧奠についてお話しましょう。中国・梁の『荊楚歳時記』には、

　七月七日、牽牛、織姫の聚会の夜なり。是の夕《ゆうべ》、人家の婦女綵縷《さいる》を結び、七孔の鍼《はり》を穿《うが》ち、或《ある》いは金、銀、鍮石《ちゅうじゃく》（真鍮《しんちゅう》）を以て、鍼を為《つく》る。凡そ瓜果を庭中に陳《なら》べて、以《もっ》て巧《こう》を乞《こ》う。

喜子《きし》の瓜の上に網《つな》はるあらば、即ち以為《おもえ》らく符応《ふこた》えりと。

（七月七日　牽牛と織女が会う夜。この日の夕暮れ、女性は五色の糸を結び、七本の鍼に糸を通します。また、金・銀・銅で鍼を作します。瓜（マクワウリ）を庭に備えて、技巧の上達を願います。瓜の上に、喜子（蜘蛛）が巣を張っていたら、願いは成就《じょうじゅ》するでしょう）

とあり、天界の人々のすべての衣服を一手に引き受けていた織女の機織り技術のすばらしさにあやかって、機織りや裁縫などが上達するようにと、陰暦七月七日の夕方、庭に針や糸などの道具とともにお供《そな》えものをして織女・牽牛の二つの星宿《せいしゅく》（星座）に祈りを捧げた祭りが乞巧奠《きこうでん》で、のちには書芸の上達もあわせて願うようになっていきました。江戸時代の著名な絵師・葛飾北斎《かつしかほくさい》（一七六〇〜一八四九）の肉筆画《にくひつが》（版画ではなく、絵師の自筆の浮世絵）の一つに、この乞巧奠を描いたのではと目《もく》されているものがあります。「西瓜図」と題されているもので、半分に切られた西瓜《すいか》の上には包丁、画の上部には糸を模《も》しているのでしょうか、絡まるように垂れさがった西瓜の細長い皮が二本、それも、赤色と白色の果肉部分が薄く残った皮が描かれています（図２）。皇室に伝わる文物を収めている三の丸尚蔵館に所蔵されており、鮮やかな絵具の色を現代に伝えています。

日本の棚機は当初、棚機都女《たなばたつめ》に選ばれた乙女が天神への捧げものとして布を織って捧げ、けがれを祓《はら》っていたものですが、その後、棚機都女が機《はた》で織った布を、棚田の神や祖先神に捧げて秋の豊穣や無病息災を祈るようになっていきました。伝説や乞巧奠、棚機、そして仏教の盆行事（盂蘭盆会《うらぼんえ》）などの風習が、七夕という一つの節句に統合されて現代に伝えられているのです。

では、この七夕の香りですが、笹や梶《かじ》というより、すべての花の香りといえるかもしれません。仏教でも七夕には法楽として花会が行われており、花を愛《め》でながら歌を詠み、酒をたのしんでいました。室町第三代将軍・足利義満《あしかがよしみつ》の頃になると、七夕法楽での立花《りっか》が盛んになり、花を見せる飾りつけがすすみ、現在のいけばなにつながっていったのです。花の香りに囲ま

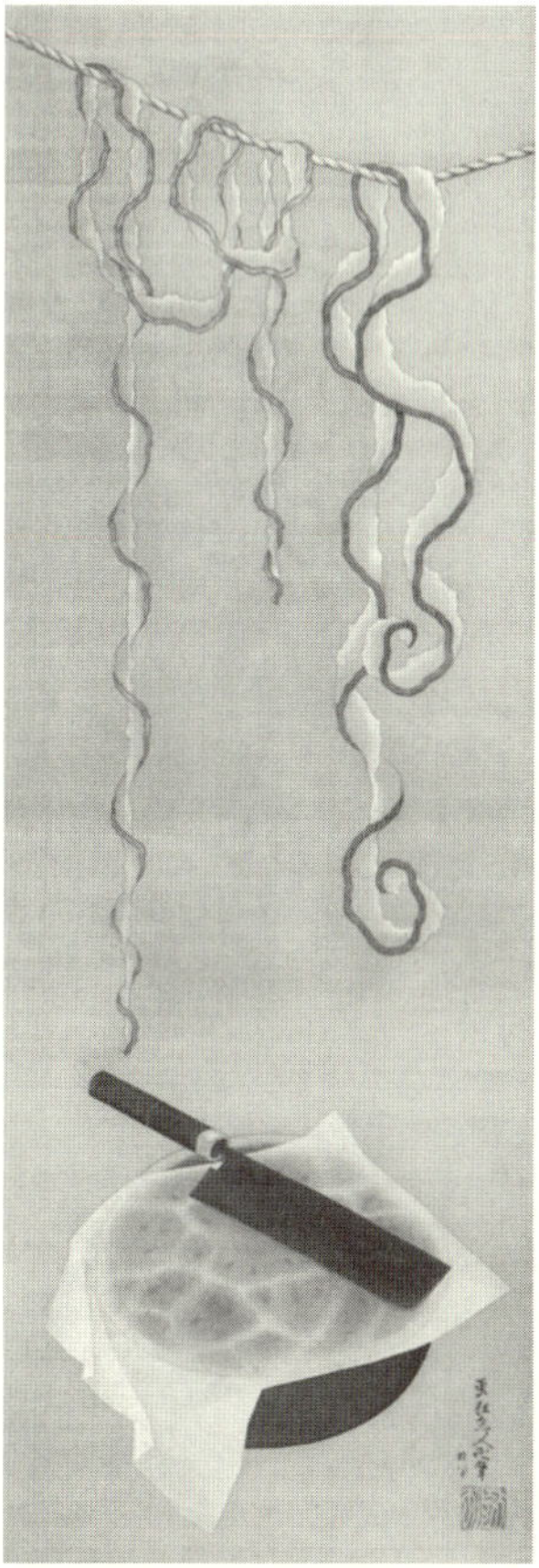

図2 葛飾北斎「西瓜図」
三の丸尚蔵館蔵

れた七夕もすてきですが、やはり七夕の主役はなんといっても織女と牽牛の二宿《にしゅく》。ここでは、笹や梶、花はさておき、香りゆたかな「ロマンス」という名の星宿を七夕の香りとして書きとめておきたいと思います。

この七夕を題材とした歌も、万葉の頃から数多く詠まれてきました。とりわけ、恋人たちは、織女と牽牛の伝説にかけて、会えないときの想いを歌に詠んでいます。

思ひきや　たなばたつめに　身をなして　天の川原を　眺むべしとは

これは、敦道《あつみち》親王（九八一〜一〇〇七）が和泉式部《いずみしきぶ》（九七六頃〜一〇三六）にあてて詠まれた歌です。当時、二人は相思相愛の仲でしたが、式部は親王の亡くなった同母兄の元恋人だったことから、二人の恋愛は周りから猛反対されていました。棚機都女のように（一年にたった一度の逢瀬もできず）天の川を眺めることになるなんて思いもしなかったでしょうねと、親王が式部を織女に喩《たと》えられています。少々皮肉めいた歌ともとれますが、それがかえって式部に会えないさみしさや式部への愛《いと》おしさをより一層強く、この歌のなかにぎゅっと詰めこまれているように感じられます。そんな心情を詠《うた》われた親王への式部の返歌は、次の歌でした。

ながむらむ　空をだに見ず　七夕に　忌《い》まるばかりの　わが身と思へば

貴方が眺めていらっしゃるという空さえも、私は見る気にもなりません。今日は星宿ですら年に一度の逢瀬《おうせ》がゆるされるという七夕なのに、（会いにも来てくださらないほど）貴方に嫌われている私なんですもの……恋人たちの夜に会いに来てくれなかったことを拗《す》ねている式部のさまは、親王の心にどれほどいじらしく映ったことでしょうか。

ほほえましい恋や情熱的な恋、おだやかな恋、秘めた恋。むくわれぬ想いに涙を零《こぼ》す恋ですら、この日だけは星宿が祝福してくれているように思えます。

みなさんの七夕の星宿は、どんな香りに包まれていますか。

重陽の香り

夏が眠りにつき、虫がりーんりーんと高い羽音《はおと》を立てはじめると秋がやってきます。夜が長くなり、空気が冴《さ》えわたるためか、秋は香りや色の変化に敏感になる季節です。そんな秋を彩る花といえば、きくの花でしょうか。アジア諸国のほとんどで、きくの花を使ったお茶（菊茶）がよく飲まれています。夏から初秋にかけて、清涼感のある菊茶を愛飲される方も多いのではないでしょうか。生薬としてのきくの花（菊花《きくか》）の歴史は古く、解熱・解毒・鎮痛・眼疾改善などの薬能をもつとして処方されてきました。きくの花の香りは朝露が降りる早朝がいちばん芳しく、また繁殖力が強いため、花に降りた朝露をあつめて飲むと病が癒《い》えたという言い伝えや、能の『枕慈童《まくらじどう》（菊慈童《きくじどう》）』の原形となった中国の『抱朴子《ほうぼくし》』[8]や日本の軍記物語『太平記《たいへいき》』[9]に書かれている菊慈童伝説にみえるように、きくの花は不老不死や長寿のシンボルとされてきました。京都・祇園祭の山鉾《やまぼこ》の一つ「菊水鉾」でも有名ですよね。

菊慈童は、中国・周の穆《ぼく》王に仕えた小姓《こしょう》でした。穆王から寵愛《ちょうあい》を受けていた菊慈童でしたが、なんと王の枕を跨《また》ぐという無礼を働いてしまい、南陽郡（現在の河南省南陽市）酈《れき》県の山奥に配流されてしまいます。現在でも枕を跨ぐのは行儀の悪い行為ですが、当時はそれ以上でした。枕は夜眠っているあいだ、その人の魂を入れておくものと考えられていたため、王の枕を跨ぐという行為は、王そのものを蔑《ないがし》ろにすることと同義だったのです。しかし、罪人とはいえ、菊慈童は寵愛した小姓。酈県は都から遠く離れ、鳥も鳴かず、薄暗く、あちらこちらに虎狼がおり、一度山へ入ると生きて帰ることはできないとまでいわれていました。不憫《ふびん》に思った穆王は別れの際、彼に法華経普門品《ふもんぼん》のなかの二句の偈文《げぶん》「具一切功徳慈眼視衆生」「福聚海無量是故應頂禮」を毎日唱えるようにと言います。二句の偈文（経文《きょうもん》）は、それぞれ「（観音菩薩は）一切の功徳をもって、慈愛のまなざしで衆生《しゅじょう》（わたしたち）を見ていらっしゃいます」「その福徳は海のように無量に溢れているのだから、わたしたちは信心《しんじん》しましょう」という意味です。毎朝、菊慈童はこの偈を唱え、かつ、忘れないようにと川辺に生《は》えていたきくの葉に書きつけました。すると、その葉に露が降《お》り、その露が滴《したた》り落ちた川の水を飲んでみると甘く、霊水になっていました。この水を飲み続けた菊慈童は仙人となり、少年の姿のまま長生きしました。また、川の下流の村々でも、みな病気ひとつせず長寿になったといいます。のちに菊慈童はきくの露の話を魏の文帝に伝え、それが現在の重陽の宴となったとされています。

さて、九月九日の重陽の節句ですが、九という奇数（陰陽の「陽」）の最高位が二つ重なっていることから、「重陽」の節句と呼ばれ、もちろん「きくの節句」としても親しまれています。奈良の頃より観菊の宴が催され、平安の頃には端午の節句と同様、かわはじかみの実（呉茱萸《ごしゅゆ》）を入れた緋《ひ》色の袋「茱萸嚢《しゅゆのう》」とともに、きくの花を柱や腕に掛けて厄除けとする習わし[10]がはじまりました。きくの花びらを浮かべた菊酒をのみ、詩歌をつくる。秋の涼風にぴったりな祭りです。「学問の神様」や「雷神」として祀られ、また「東風《こち》吹かば　に

ほひおこせよ　梅の花　主《あるじ》なしとて　春を忘るな」（拾遺和歌集）の歌でも知られている菅原道真《すがわらのみちざね》（八四五〜九〇三）も、きくにまつわる歌を詠んでいます。宇多《うだ》天皇（八六七〜九三一）は寛平二（八九〇）年または三年頃に内裏《だいり》（皇居）で「菊合《きくあわせ》」、きくの花の品評会を催しました。そのとき、道真は紀伊国（現・和歌山県）の吹上《ふきあげ》の浜を模《かたど》ってつくられた州浜《すはま》（祝儀用の飾り台）に植えられている白菊を見て、

秋風の　吹上に立てる　白菊は　花かあらぬか　波のよするか

と、秋風の吹きあげる吹上の浜に立っている白菊は花なのか、それとも浜辺に寄せる白波なのかと、内裏の州浜に咲き誇る白菊の美しさを、情緒豊かに詠《うた》いあげています。秋になると、真っ白な菊が群生している浜辺がたくさんありますが、野菊のなかでは花の大きな種です。そして、道真が詠んだ白波は、同じ波でも太平洋側の紀伊国の波。とすると、太平洋の波は大きい波ですので、州浜には波《なみ》しぶきかと見紛《みまが》うばかりにたくさんの白菊が植えられていたのでしょうね。

また、重陽の節句は長寿を祈る祭りですので、祭りに相応しく、きくの花と長寿をかけた

歌もたくさん詠まれました。そのなかでも、女性の茶目《ちゃめ》っ気《け》をたっぷり詠みこんだ歌をご紹介します。

九重《ここのえ》や　けふこゝぬかの　きくなれば　心のまゝに　咲かせてぞみる

この歌は、弁内侍《べんのないし》（生没年不詳）が一二四六年から一二五二年にかけての宮中生活について書いた『弁内侍日記』の、寛元四（一二四六）年九月に載せられているものです。当時、きくの花を綿でくるんだ「菊の着せ綿《きせわた》」に、花に降りた朝露と香りを染《し》みこませて肌にあてると若返る、または長寿になると考えられていました。現在ならば、アンチエイジング美容品「数量限定！　天然・菊の化粧水コットン！　手に入るのは今だけ！」といったキャッチフレーズで販売されているところでしょうか。重陽の節句の前日の八日に中宮（大宮女院）より菊の着せ綿を下賜《かし》された弁内侍は、その美しさに感動し、庭のきくの花の上に一晩綿をかけ、夜の間に綿に露を染みこませようとしました。まるできくの花が庭いっぱいに咲いているように見えたのでしょうか、弁内侍はワクワクして「今日は重陽の節句、きくの花だって私の思いのままに咲かせてみせるわ。（蕾とちがって、咲いたら香りも強くなるし、きっと朝露だっていっぱい降りるはず。着せ綿ももっとイイ感じになるかも！）」と、他の女房たちと冗談を言いあっていたのでしょう。きっと、当時の女性も、美容には目がなかったのでしょうね。

節句という季節の区切りの香りはもちろん、人々は日々のくらしのなかに薫物という形で香りを取りいれ、また、色彩の香りもたのしんでいました。そうです、あの色鮮やかな、見るひとの心を虜《とりこ》にする襲《かさね》の香りです。さて、襲とは、一体どのような「香り」だったのでしょうか。

1　平安中期の承平年間（九三一～九三八）に編纂された『和名類聚抄』巻九菜類、菫菜の項に「本草に云く菫菜、俗にこれを菫葵と謂う。菫の音は謹（きん）、和名は須美礼（すみれ）」とあり、食用野菜として認知されていたことが読みとれる。

2　『枕草子』第三十七段「木の花は」では、たちばなが開花したのちも旧冬の実が枝に残っているさまを、朝露のさくらと対にして、すばらしい眺めだと描いている。

3　プルースト現象とは、マルセル・プルーストの代表作『失われた時を求めて』のなかで、主人公が紅茶にマドレーヌを浸しながら食べていると、その香りで幼少期の出来事を思い出すという内容から名付けられたもの。現在、香りと記憶の連動は、ＰＴＳＤ治療や肥満治療などのため、科学的に研究されている。

4　「五月五日、四民並蹋百草、又有闘百草之戯、採艾以為人、懸門戸上、以禳毒気。是日、競渡採雑薬。以五綵糸、繋臂、名曰辟兵。令人不病瘟（五月五日、人々は、いろいろな草を踏んだり（郊外へ出歩いたり）、草相撲などの遊びをする。よもぎで人形を作って門戸の上にかけ、邪を祓う。また、この日、人々は競ってさまざまな薬草を採りに行く。色とりどりの組み紐で薬玉を臂に結び付けて、辟兵（辟邪の効能のあるもの）と呼んだ。これを身につけていると、流行り病に罹らない）」『荊楚歳時記』。

5　ほととぎすは旧暦五月ころに日本へ渡来してくる鳥であり、ほととぎすの夜の鳴き声（忍び音《ね》）を聞くために、夜を徹して待とうとする話が第四十一段にある。うぐいすと梅の花のように、ほととぎすは橘や菖蒲（あやめぐさ）と対になって詠まれる鳥であり、大伴家持の「ほととぎす　今来鳴き初む　あやめぐさ　かづらくまでに　離るる日あらめや」をはじめ、さまざまな歌が残されている。

6　スミレ様芳香成分として香水に使用されるジャーマンアイリス（ニオイアヤメ）の香気成分イロンも、根茎より水蒸気蒸留法で抽出される。

7　当時、しょうぶのことを「あやめ」「あやめぐさ」と呼んでいた。節句で用いるしょうぶ（あやめぐさ）はサトイモ科であるが、美しい花姿で知られるあやめ・はなしょうぶ・かきつばたは、しょうぶと葉の形状が似ているが、いずれもアヤメ科である。

8　『抱朴子』内編・巻十一「仙薬」。『抱朴子』は東晋時代の葛洪が記した、中国の神仙思想や煉丹術についての書である。内編二十巻、外篇五十巻で、前者には神仙の理論と実践について、後者には政治や社会への批判が述べられている。

9　『太平記』巻十三「龍馬進奏事」。『太平記』は、後醍醐天皇の即位にはじまり、鎌倉幕府の滅亡、建武新政、南北朝の分裂、室町幕府第二代将軍足利義詮の死去、細川頼之の管領就任までの、戦乱と幕府内の混乱という文保二（一三一八）年から貞治六（一三六八）年までの半世紀を描いた約五〇年間を描いた全四十巻の軍記物語である。

10　「九日宴　御帳左右付茱萸嚢、御前立菊瓶有台。承平以後、依御忌月、無節会。天暦依詔十月行残菊宴（九日の宴　御帳の左右に茱萸嚢をかけ、天子様の前には台のうえに菊を生けた花瓶を立てる。承平年間以降、忌月になったときは節会を行わなかったが、天暦の頃、詔で十月に残菊の宴を行うことに決めた）」『西宮記』巻九（九月）。

四、色彩の香り

四季の彩り

〈さくら〉の花びらが空一面を覆いつくし、すべてが霞《かすみ》がかってみえる春。どこか現実味を欠いた、涙で滲《にじ》んだようなやわらかな風合《ふうあ》いが、見るひとを幽玄《ゆうげん》の世界へと誘《いざな》います（この章では、花や色の名前を〈〉で記します）。ぼやけた色合いを引き締めるのは、足元で蝶のように咲く小さな〈すみれ〉の濃淡の紫色。さくらの、とりわけ、向こうが透けて見えるほど薄いあの花びらは、時間帯によってその雰囲気を、あどけない少女から妖艶な美女へと一変させます。冷たい朝露に濡れてしっとりとした、消え入りそうな朝の儚《はかな》さ。やわらかな日の光を一身に浴びて、溢《あふ》れんばかりの春の陽気を謳歌《おうか》しているような真昼のあたたかさ。そして、昼の姿とは打って変わって、目を交《か》わしただけで心の奥底深くまで蝕《むしば》まれてしまいそうな、妖《あや》しい恍惚《こうこつ》とした光を放つ月夜の冷たさ。あの独特の葉の甘い香りや同じ花とは思えない変化、数は少ないものの白粉《おしろい》のような香りを持つ種があるからこそ、もう一度見たい、いつまでも眺めていたい、あの姿を心に焼きつけたい。人々はそう思うのかもしれません。

そんな花びらがはらはらと舞い落ちるようになると、花筏《はないかだ》を浮かべた水の調べに乗って、ほんの束の間《つかま》、〈やまぶき〉が黄金色に輝きを放ちます。黄金色の美しさを際立たせるように小さな青い葉が萌えたつと、瑞々《みずみず》しい濃淡の〈萌黄〉色をした〈若草〉の大軍が我が物顔で地面を、空を、覆いつくします。なかでも、あのやわらかい葉の〈よもぎ〉は、あたたかい緑の香りを届けてくれます。〈やなぎ〉の白く細い枝を揺らすように流れる水の匂いが音とともに強さを増すや、甘い香りを風に乗せて、目の覚めるような〈蘇芳《すおう》〉色の〈ぼたん〉や〈つつじ〉が花開き、濃淡色のカーテンのように風にそよいでいる〈ふじ〉の大波が押し寄せます。日陰では、〈うのはな〉がその真っ白な花を鈴生《すずな》りに咲かせています。それに負けじと、凛々《りり》しく背筋をピンと伸ばして咲くのは〈かきつばた〉。美しいとしか形容のしようがありません。ところどころ群青《ぐんじょう》がかった深い色合いをしている紫色の濃淡は、ときに色濃く、ときに透けるような薄さであり、鋭く突き刺すように天に向かっている葉の緑のなかでいっそう鮮やかに映え、どこまでも気高《けだか》く、どこまでも美しく咲いています。どの花も、「さあ、私を見て！　私が一番輝く季節よ。どう？　すてきでしょう？」ととても誇らしげに胸を張って喜んでいるようです。威張り散らすように咲いている花、ぺちゃくちゃと仲間とおしゃべりするように密集して咲いている花、土手の隅でひなたぼっこをしている花、甘い蜜と香りで鳥や虫を誘惑している花。あちらこちらに生命が溢れています。

今を盛りとばかりに咲き競う花たちが一息《ひといき》つくと、ちいさな花びらの花が咲きはじめます。

柑橘系の、心が軽くなるような香りを風に乗せている真っ白な〈たちばな〉。そして、鋭い棘《とげ》に護《まも》られるように咲いている〈さうび〉。空に目をやると、青みがかった薄紫色のような楝《おうち》色をした〈おうち〉[2]の花が、やさしい茶色に薄い緑色を掛けたような大木の枝の先で、気持ちよさそうに風にからだを揺すっています。

さまざまな色の〈ゆり〉の花が咲き、さうびが力強い色合いを添えると、梅雨が来ます。雨にうたれて美しさの増すあじさいやつゆくさが、〈紫〉色のグラデーションと思《おぼ》しき雨の曲を奏《かな》でます。梅雨を彩った花々が眠りにつき、まだ涼しさの残る頃、少し人里離れた山の斜面では、ふくらんだ風船が星のように花びらをひろげる紫色や白色の〈ききょう〉が、遠慮がちに咲いていています。寒色系のききょうとは対照的に、紅色や桃色、白色などさまざまな明るい色の花びらで野に咲いている〈なでしこ〉。「我が子を撫《な》でるようにかわいい」という意味のなでしこがすぐに目に飛び込んでくるのは、それだけ人々に愛されているからなのでしょうね。そんななか、ひときわ目を引くのは、けいとう。あの赤色の花は、その名のとおり、にわとりの鶏冠《とさか》のようであり、また、炎のようでもあります。猛暑の到来を警告してくれているのでしょうか。

太陽がじりじりと照りつける、そんな頃になると、触れるだけで傷ついてしまう薄い花びらの〈あさがお〉、透けるような〈あおい〉の花。そして、女性の頬や唇に華やかさを与える美しい〈紅〉色を生みだすためでしょうか、まぶしいまでに黄色い花びらをあかく燃える太陽に向けて、べにばなが咲き誇ります。太陽に果敢に挑《いど》むように咲く花々の姿を嫌う人などいるでしょうか。太陽の光をからだいっぱいに浴びている花々に対して、月のしずくを受けとるかのように、夕暮れ時《どき》から咲きはじめるのが純白のゆうがお。闇夜にぽっと浮かぶように輝く白い花は、茹《う》だるような夏の暑さをほんのしばらく、忘れさせてくれます。

暑さがやわらぎ、秋の澄んだ冷気が朝晩感じられるようになると、少しくすんだような黄色の〈おみなえし〉、紫がかった紅色[3]の〈はぎ〉、〈薄色《うすいろ》〉と呼ばれるやわらかな薄紫色にやさしい香りを持つ〈ふじばかま〉、濃い紫がかった紺色の〈りんどう、〉そして大小さまざまな色合いの〈きく〉や〈しおん〉が咲き、〈すすき〉が赤みがかった銀色の穂を風に揺らします。木々では、赤子《あかご》のちいさな掌《てのひら》のような〈かえで〉や〈もみじ〉が日本の美しく澄んだ秋の空を、燃えるような紅色や、やわらかな〈朽葉《くちば》〉色、黄色で染め上げていきます。とげとげした毬《いが》の中から顔を覗かせている〈くり〉は、誰かに拾い上げてもらうのを、今か今かと待っています。

それはそうと、みなさんは秋になるとなぜ紅葉《こうよう》するのか、ご存知ですか。日照時間が短くなり、気温が低下するにつれ、葉の付け根と枝の間がコルク質化して養分のやり取りができなくなり、葉を緑色に染めあげている葉緑素クロロフィルが分解され、光合成によって得られた糖分と化学反応を起こし、赤色色素アントシアニンに変化し……科学的にはそうですが味気《あじけ》がありませんので、私がおさない頃に読み聞かせてもらった話をご紹介しましょう。ご存知の方もいるのではないでしょうか。

むかしむかし、南の王国から北の王国へ美しい木がやってきました。彼女は葉が大きく豊かで、北の王国のみんなのあこがれでした。彼女が北の王国にやってきて初めての秋、北の王国のみんなは葉を落として冬支度をはじめました。しかし、南の王国で生まれ育った彼女の葉は、相変わらずふさふさと豊かなまま。寒い北の王国の冬をやり過ごすためには、葉を落とさなければならないことを、南の王国育ちの彼女は知らなかったのです。ある日、小さな子どもの木が不思議そうな顔をして彼女の葉を見ていました。その子も、ほかの大人の木と同様、葉はほとんど残っていません。彼女はその子に気づくと、にっこり微笑んで言いました。「どう？　私の葉はすてきでしょう？」するとその子はこう言ったのです。「どうして葉をつけたままなの？　冬が来たら風邪をひいちゃうよ」それを聞いた彼女は、びっくりして、恥ずかしさで真っ赤になりました。それ以来、秋になると、彼女の子孫はこのことを思い出して、赤く色づくのです。

どなたの作かは存じませんが（もしかしたら多少、内容も違ってしまっているかもしれません）、こちらの方がなんだかワクワクしませんか。さて、そんな色づいた葉を揺らす冷たい晩秋の風が運んでくるのは何でしょうか。晩秋の風が強くなると、そう、野の花々が眠りにつく冬がやってきます。

木々の葉がくるりくるりと舞いながら、乾いた音とともに地面を覆っていく。ふっくらとした〈苔〉の緑さえも少なくなっていき、〈枯色《かれいろ》〉の世界が始まります。しばらく経つと、そこに遠い空の上から〈雪〉の結晶がひとひら、またひとひらと降りたち、〈白〉く冷たい世界がひろがっていきます。白銀色の雪景色に色を添えるのは、深紅の〈つばき〉。つばきの独特の紅色の濃淡は、どれだけ遠く離れたところからでも、その存在がはっきりとわかる鮮やかな色。冬の女王と呼ぶにふさわしい貫禄《かんろく》すら感じます。つばきで香りをもつ種類はほとんどありませんが、あの色そのものが雪のなかで薫っています。

そして、長い冬が終わりを告げると、太陽に照らされて〈氷〉がゆっくりと解《と》けだし、やがてそれが細長い流れとなり、川の〈水〉が豊かになります。水の底深くでしずかに眠っていた水草もからだを動かしはじめ、水の色が次第に緑色をおび、透明度が増していきます。まだ空気中に漂っている冬の香りをかき消すように、可愛い〈うめ〉の花が涼やかさや甘さ、酸っぱさの香りを添え、〈もも〉の花が可憐さで春の空気を演出する。また、春が始まるのです。

四季それぞれの花や緑の力強さ、水の流れ、鳥の声や虫の音、雪のきらめき。これらすべてが世界に色と香りのグラデーション、そして季節の雰囲気という「匂い」を与えてくれています。この自然の美しさと儚《はかな》い移《うつ》ろいは、いつの世もひとを魅了するものですが、平安の頃の人々はただ見るだけに飽き足らず、その「匂い」を永遠に留《とど》め、愛《め》でる方法を見つけました。

自己表現としての色——襲《かさね》

四季折々の美しさを愛でていた人々は、現代の私たちと同様、季節の変化をたのしみながら日々の生活を快適に過ごすため、さまざまな趣向を凝《こ》らしていました。絵を描き、歌を詠み、舞を舞い、楽《がく》を奏《かな》で、自然を愛《め》で、香を焚《た》く。とりわけ、人々は季節の色合いや変化にとても敏感で、自然をそのまま写しとったかのような鮮やかな色を生活のなかに取りいれていました。その一つが、襲《かさね》の色目[1]、何領にも重ねた衣の色合わせです。

「十二単」の呼び名で知られている女房装束の色彩の豊かさは、誰もが目を奪われずにはいられないものです。唐衣《からぎぬ》・表着《うわぎ》・打衣《うちぎぬ》・五衣《いつつぎぬ》（五枚重ねた袿《うちき》）・単《ひとえ》・裳《も》・袴《はかま》という、独特の女房装束ですが、袿は五枚と定められる平安末頃までは、時代や好みによって色目も袿の枚数も異なっていました。

もちろん、前にも少しお話したように、成人した男女が接するときは御簾《みす》越し、唯一はっきりと確認できたのが御簾からはみ出て見える装束の裾でした（図１）。宮中という場所は、職場であると同時に、出会いの場でもありましたが、家族でも恋人でもない男性相手に、女性が顔を見せるのはご法度《はっと》。とはいっても、想いを寄せる殿方の気を引きたい、名家のすてきな殿方に声をかけてもらいたい、今より条件のいい局《つぼね》（職場）や雇い主にヘッドハンティングされたい。そんな思いを胸に、御簾の下からチラリと装束をのぞかせ、（もちろん、自分で調合した香《こう》も焚いて、髪の毛もツヤッツヤの烏の濡《ぬ》れ羽《ば》色にして）「私はここにいますよ！」と

図１　女房装束の裾や袖口
第二章図１の着装の一部

ばかりにアピールしていました。襲の色目を紅色がちにすれば可憐になり、濃い蘇芳色や紫色を多用すれば大人っぽくなります。現代でも、コンサバ風なら髪の毛をストレートロングにしたり、ガーリー風なら明るく染めたカールに、パンク風がお好きなら毛先をツンツン立てたベリーショートにしたりと、外見でなりたい人物になりきることも、また、その人となりを匂いたたせることも可能ですよね。

殿方は、女性の襲の色や織の組み合わせを見て、「なんて素敵な襲なんだ！　あの方はきっと教養があって、しかも美しい方に違いない！」と妄想爆裂で人物判断をしていたのです。つまり、当時の女性（男性もそうでしたが）にとって、現代女性以上にファッションに気を配るのは当たり前。ファッションセンス次第で立身出世はもちろん、場合によっては自分だけではなく、家族の運命すら左右する時代だったのです。季節にあった色目を身に纏っているだけでは平均点、上級者になると「実際の季節よりもほんの少しだけ季節を先取り」した襲を身につけていました。現代のように、まだ少し肌寒いけれどもうすぐ夏だからノースリーブ、とあからさまに季節の先取りとわかるものではなく、襲や織をわかっている人が見ると「あの人のところだけ季節が早くやってきたみたいだわ、やるじゃない！」と思わせるものでした。現在は「お洒落は足元から」といいますが、当時は「お洒落は香《こう》と襲のチラ見せから」でした。それにしても、いつの時代も、ファッションは女性を悩ませるものですね。

襲の色目の名前

さて、その五衣《いつつぎぬ》の組み合わせの配色、襲の色目には、それぞれ名前がつけられていました。たとえば、もえるような萌黄色のグラデーションの上に、あざやかな蘇芳《すおう》色の濃淡を重ねた襲は〈松重《まつがさね》〉。搾《しぼ》りたてのワインのような鮮やかな濃淡の蘇芳色をした一の衣と二の衣は、すっくと空にのびる赤松の幹でしょうか。三、四、五の衣の濃淡の萌黄色は、赤い幹をより鮮やかに魅《み》せている青い松葉を色に表したのでしょう。古来、わが国では松は男性に譬《たと》えられるものですが、ごつごつとした幹が特徴の黒松（雄松）に対して、ほっそりとした幹を持つ赤松は、楚々《そそ》とした、しかし、うちには熱い情熱を秘めた女性のようで、雌松とも呼ばれています。指先に近い三、四、五の衣に萌黄色の濃淡を置くことで、手を動かすたびに、この襲を身に纏《まと》っている女性をさながら美しい若松の精《せい》のように演出したのではないでしょうか。寿《ことほ》ぎの席に好まれる襲にふさわしく、神々が降臨するという松林を彷彿《ほうふつ》とさせます。ならば、〈水〉の襲はどうでしょうか。襲の裾を彩る五つ衣すべてが白色の重なりは、力強く寄せては返す海に咲く白波でしょうか。はたまた、清流に茂るシダの足元で、こぽこぽと湧きあがる水の音でしょうか。見ているだけで、涼やかな水音と風に包まれ、水の香りが鼻孔《びこう》をくすぐるようです。

襲の色目には、このような〈松重〉や〈水〉のほかにもたくさんあり、当時の装束に関する有職故実書《ゆうそくこじつ》（伝統行事や儀式などに関することが書かれている本）である源雅亮《まさすけ》（生没年未詳）の『満佐須計装束抄《まさすけしょうぞくしょう》』（平安末期成立）には襲の色目の名称が数種類、紹介されています。〈紅紅葉〉、〈雪の下〉、〈梅重〉、〈菖蒲〉、〈撫子〉、〈花橘〉、〈躑躅〉、〈藤〉、〈杜若〉など、植物の名前や風景の色合いをそのまま反映させたものがほとんどです（きっと、もうお気づきでしょう。前節「四季の彩り」のなかで、〈〉で表した花や植物、自然を形容する色は襲の色目の名前でもあります。平安の頃から長い時間をかけて、人々は自然を見つめ、自然の彩りを装束という形にして身に纏ってきたのです）。つまり、襲の名前を聞けば、どんな色合いなのか、どの季節の色合いなのかを想像できるようになっています。

わかりやすいのは、〈紅紅葉〉でしょうか。みなさん、秋の紅葉を思い起こしてください、ところどころにまだ緑が残っている状態の紅葉です。燃え立つような紅色の濃淡のなかに、茶色がかった橙色や黄色が混ざり、日があまり当たっていないところの葉は青いまま。そんな風景です。それをそのまま、襲の色目に反映させます。木の上の方はよく日が当たるので紅色、その次が淡い朽葉色、黄色、深い紅色になる寸前のような濃青（深い深い緑色）、地面に近い枝あたりの葉はまだ出てきたばかりの赤ちゃんのような小さな葉なので淡い青（薄めの緑色）。これを五衣にあてはめるので、真っ赤な紅葉そのものの紅色の一の衣、二の衣以下は朽葉や黄、そして青の濃淡となり、袖口や衿元、裾にちらりと五色の紅葉が見える、という色合いになります。そして、全体として秋の紅葉はやはり紅色の世界なので、単衣（アンダーウェア、下着）の色も紅色。いかがですか。いまひとつ想像しにくいですか。

ならば、次は〈雪の下〉をご説明いたしましょう（この襲は、〈雪の下紅梅〉と呼ぶこともあります）。雪解け間近《どまぢか》の早春の朝を思い浮かべてくださいね。真っ白な雪が積もっているけれど、ところどころ土が顔を出している、そんな状況です。雪が解けて土が見えている、ということは、もうすぐ春がくる、つまり、春告草《はるつげぐさ》（うめ）が咲く、ですよね？（北海道など、うめよりもさくらの方が早いという地域もあるかとは思いますが、そのあたりはご了承ください）うめの花には、紅・白・桃とさまざまな色がありますが、雪に映えるといえば紅色。もちろん、うめの花が咲く頃には、地面にやわらかな緑が顔を出しはじめる。これを襲にあてはめると、やはり雪が地面を覆っていますので一、二の衣は、白、そして白。心の中では、かわいい紅色のうめが咲いていますので、紅梅色の濃淡。そんなうきうきした気持ちを表すために、単衣には青色（緑）をもってくる。すると、遠目には真っ白な雪を模した一、二の衣に隠れるように見えている紅梅色と青色で春を呼びこんでいる、となります。〈雪の下〉は〈紅紅葉〉とちがって、心の風景も描いているのです。もう一つ、少しあとの季節の〈躑躅《つつじ》〉をとりあげましょう。

つつじの花は種類も色もさまざまですが、ご家庭の庭先や日本庭園、寺院などによく植えられている小ぶりのつつじ、やまつつじなどを思い起こしてください。役所の玄関や、小学校の校庭の片隅に植えられている大ぶりで濃淡のピンク色や白い花弁のひらどつつじよりも、ずっとちいさな花です。四〜五センチメートル程度の花径のちいさな花弁で、朱赤や紅色の色鮮やかな、密集して咲くつつじです。春の日射しのなかで、一斉に咲きだすつつじ。葉の緑に添えられて、紅色がより一層映えて見えますが、やはり色の濃淡があります。これを襲に写しとると、紅色の濃淡、それを支えるような青（緑）の濃淡、そして日本の春を日本の春らしくしている色といいましょうか、靄《もや》がかった空気を白で表してみましょう。つまり、はっとするほど鮮やかな紅色に、その紅をより際立たせるかのように添えられた青の濃淡、そして春の靄がかった空気の白色の単衣。いかがですか。

色の匂い

このように、普段目にしている風景、そこにほんのちょっぴりスパイスのように、心象風景を足したものの色合いを写しとったものこそが襲の色目であり、その色目をとおして、人々は季節の匂いを聞きとっていたのです。

さまざまな名称がつけられていた襲の色目ですが、人々が好き勝手に組み合わせていた、というわけではありませんでした（〈色々《いろいろ》〉と名付けられたカラフルな襲の色目もありましたが……）。襲の色目の構成には、いくつかのパターンがあったのです。それが【匂いの襲】、【薄様《うすよう》の襲】、【二《ふた》つ色《いろ》の襲】、【村濃《むらご》の襲】、【於女里《おめり》】などです。そう、襲の色目にも、「匂い」があったのです。では、それぞれの構成パターンについて、お話しましょう。

【匂いの襲】ですが、第二章「薫物の香り」でも少しお話したように、色彩にあてはめると「匂い」は「色の濃淡、グラデーション」になります。単色のみや同系色ではない色の組み合わせで表現するよりも、同系色の濃淡のグラデーションにすると、より現実味を帯び、より身近に感じられる効果があります。中学校の美術の時間で、ぼかしの技法「暈繝彩色《うんげんさいしき》」を習われませんでしたか。色と色の境目をはっきりさせたまま、色の濃淡の順に並べていく彩色方法です。美術の授業で、青・緑・茶の三色に、白と黒の二色をそれぞれに少しずつ混ぜあわせながらさまざまな濃淡を作り、彩色したことを覚えています。

同系色の濃淡、グラデーションが暈繝彩色、「色の匂い」ですが、さくらにも、「御殿匂《ごてんにおい》」という名前の、美しいグラデーションを見せてくれる八重咲きの種があります。蕾は濃い紫がかった紅色ですが、花が開くにつれて紅色は徐々に薄くなり、色のグラデーションができあがるのです。花芯に近い花びらから徐々に色が淡くなっていき、蕾の紅色は、最後は花弁の端に残るだけ。ぼかし染めのような色のグラデーションのさくらです。また、同じグラデーションでも、匂いの襲には「同色の濃淡」と「同系色の濃淡」があり、肌に近いほうの五の衣から、一番外側（表着《うわぎ》のすぐ下の衣）の一の衣に向かって順に濃くなっていくパターンと、その反対の両方があります。なかでも、有名な匂いの襲が〈紅梅《こうばい》の匂い〉〈蘇芳《すおう》の匂い〉〈萌黄《もえぎ》の匂い〉〈山吹《やまぶき》の匂い〉〈紅《くれない》の匂い〉〈紫《むらさき》の匂い〉です。

では、六つの匂いの襲の色目について、見ていきましょう。

〈紅梅の匂い〉は、淡い桃色のうめから、黒に近い血のような深紅のうめまでを表現した紅梅色の濃淡で、一の衣から順に非常に淡い紅梅、淡紅梅、紅梅、紅梅、そして濃紅梅で、単衣は青（緑）です。実際のうめは、花の頃に葉は出ていませんが、単衣に青をもってくることで、紅梅の可愛らしさがより増し、この襲を纏っているだけで春の盛りが感じられる、そんな女性らしい華やかな色目になっています。

〈蘇芳の匂い〉の落ち着いた深い蘇芳色は、熟成させた上質のワインを思わせる色合いで、浮ついたところなど何ひとつない、大人の女性によく似合う色合いです。一の衣から順に淡蘇芳、淡蘇芳、蘇芳、蘇芳、濃蘇芳で、単衣は青です。この単衣の青こそが、この襲を纏うひとを、内に燃えるような情熱を秘めながら冷静沈着であり、成熟という言葉がふさわしい女性へと後押ししているのかもしれません。

〈萌黄の匂い〉は、もえる新緑の季節にぴったりな、萌黄色の濃淡で構成されています。一の衣から順に淡萌黄、淡萌黄、萌黄・萌黄・濃萌黄で、単衣は紅で、萌黄（緑系）の補色である紅（赤系）が全体の色合いを引き締めるとともに、萌黄色の濃淡・匂いをより強く、纏《まと》う女性を若々しく見せてくれます。

〈山吹の匂い〉は、春の盛りを知らせる明るいやまぶきの花そのもの。花の色、そして葉の緑を忠実に写しとった襲です。一の衣から順に朽葉、淡朽葉、淡朽葉、より淡い朽葉、黄で、単衣は青です。ちいさな花びらがたくさん集まっているやまぶきの花が、匂いとなって明るく咲いている、そんな風景を思い起こさせる色目です。
〈紅の匂い〉は、紅梅の匂いに比べると、若干、幼さを残している色合いでしょうか。一の衣から順に濃紅、紅、紅、淡紅、より淡い紅で、単衣は紅梅という明るい色合いのため、少女のようなあどけなさの残る年齢の女性に好まれたのでしょうね。

図2 むらさきの花
（撮影・著者）

〈紫の匂い〉は、匂いたつような女性らしさと、優しく包みこんでくれるような母性を兼ね備えた色合いです。一の衣から順に濃紫、紫、紫、淡紫、より淡い紫で、単衣は紅です。紫色は古今東西、高貴で神秘的な色として珍重されてきました。海外では、クレオパトラの船団の紫色の帆で知られているように、アクキガイと呼ばれるアクキガイ科の巻貝から取れるパープル腺を使っての染色が多く、他方、日本では、ムラサキ科ムラサキの根を使った染色が主にされていました。むらさきの花は、花の直径が一センチメートルにも満たない、ちいさな真っ白な花で、夏の日陰でひっそりと咲いています（図2）。どこに紫色の色素があるのかと疑いたくなるほど、雪のように真っ白な花びら。乱獲と合成染料の発達によって個体数が減少し、現在では環境省レッドリスト（二〇一八）絶滅危惧ＩＢ類（近い将来における野生での絶滅の危険性が高いもの）に登録されています。

また、江戸の頃、紫色フィーバーともいうべき、紫色ブームが巻き起こりましたが、それも紫色に染色するためには、大量のむらさきが必要で、非常にコストのかかるものだったからこそです。紫色は、べにばな（キク科ベニバナ）の花びらを原料にして染める紅色と同じく、その濃度によって禁色《きんじき》、つまり身分によって制限されていた色でした。そのため、赤系（紅や蘇芳など）と青系（藍）の染料を掛けあわせて紫系（この最たる色が、江戸の頃に大流行した「京紫」や「江戸紫」、「似《に》せ紫」、「二藍《ふたあい》」などです）に染めたり、禁色と見紛《みまが》うような深い紫色に染めたりして、人々は紫色をたのしんでいたのです。『源氏物語』は紫系の色彩が溢れていることで知られていますが、『枕草子』にも当時の人々が紫色に熱狂していたことが記されています。清少納言は、第八十八段「めでたきもの（すばらしいもの）」に、

紫色のものはどんなものでも、ぜーんぶステキ！　花も、糸も、紙も、紫色のものが一番いい。紫色の花っていっても、杜若《かきつばた》だけはちょっと苦手なのよね。（そんなに身分の高くない）六位の蔵人《くろうど》だって、宿直《とのい》（夜間警護）のときに格好よく見えるのも、紫色を

――身に纏《まと》っているからだと思うわ。

と書きのこしています。現在は染色技術も進み、合成染料もたくさん開発されているので、誰でも紫色をたのしむことができます。きっとみなさんの中にも、紫色が大好きという方がいらっしゃるでしょう、私もそうです。時には紫色を身に纏って、ステキな人になってみませんか。

そのほかの襲の色目、【薄様《うすよう》の襲】について。薄様の色合いは、匂いの襲によく似ています。薄様とは、薄様紙《うすようし》（その名のとおり、とても薄い紙です。布製品や小物、洋服の包装などによく使用されている、あの薄い紙のことです）のことを指しますが、その名のとおり、透けるような色合いが特徴的です。つまり、一の衣から五の衣に向かって順に薄くし、四、五の衣を白とする色合いで、華やかな匂いの襲に対して、清純な雰囲気を醸《かも》し出す色合いです。〈紅の薄様〉〈紫の薄様〉〈白の薄様〉などが代表的な薄様の襲です。

また【二《ふた》つ色《いろ》の襲】について。こちらも読んで字のごとく、同色を二衣ずつ重ねるもので、この襲だけは例外的ですが、六衣で構成されていました。三色の異なる色彩が袖口や衿元、裾に踊っている。見ているだけでウキウキしてくる、そんな色目です。

さらに【村濃《むらご》の襲】について。【斑濃《むらご》】とも書き、ところどころに同色の濃淡がある、つまり、グラデーションである【匂い】が二つある色目で、なかでも〈紫の匂い〉と〈青（緑）の匂い〉を合わせた〈紫村濃〉が有名です。

最後に【於女里《おめり》】について。これは、現代の着物で「ふき」と呼ばれている仕立て方の有識《ゆうそく》用語です。袷《あわせ》の着物の袖口と裾、衿などを思い起こしてください。着物の裏地に相当する部分（袖裏や胴裏、裾回し、八掛《はっかけ》など）を表に引き返して、縁取りのようにしているのが「ふき」で、当時は於女里と呼んでいました。ほんのりと色を添える於女里は、他の襲の色目にさらなる華やぎを与えるもので、お洒落な当時の人々の目をたのしませたのでしょうね。

ちなみに、『満佐須計装束抄』にも記載されているこれらの襲ですが、身につける季節もそれぞれ決まっていました。襲の色目は自然の風景を写しとったものなので、当然ですよね。先に紹介した〈紅紅葉〉は、もちろん秋から冬にかけて、〈躑躅〉や〈菖蒲〉、〈杜若〉、〈花橘〉、〈撫子〉などは開花期からもわかるように、夏（旧暦四月以降）に着るものでした。〈紅梅の匂い〉、〈蘇芳の匂い〉、〈萌黄の匂い〉、〈紅の匂い〉、〈松重〉はその華やかゆえ、寿《ことほ》ぎの席にも用いられました。一方、〈雪の下〉（〈雪の下紅梅〉）と〈梅重〉、〈山吹の匂い〉、そして〈紫の匂い〉は五節《ごせち》から春までの間に身に纏ったものでした。十一月下旬の卯の日に行われた新穀の祭りである新嘗祭《にいなめさい》（天皇の即位後最初の新嘗祭である大嘗祭《おおなめさい》も含む）から春まで、つまりは冬限定の襲でした。真っ白な雪のなかで咲く紅梅や、春の景色を彩る山吹や紫の色合いが、人々の心に待ち遠しい春を運んだのでしょうね。

1　「かさね色目」は、「①一衣の袿の表裏のあわせ色目」、「②重ね袿（五衣の袿）のかさね色目（組み合わせの配色）」、「③織物の色目」の三つの意味で用いることができるが、本書では②の意味で用いた。また、「かさね」も文献によっては、「襲」「重」とまちまちだが、「襲」で統一した。かさねの色目については、長崎盛輝『かさねの色目』（京都書院、一九九六年）や吉岡幸雄『日本の色辞典』（紫紅社、二〇〇〇年）および『王朝のかさね色辞典』（紫紅社、二〇一四年）に詳しい。

2　「うのはな」「さうび」「おうち」の花は、現在はそれぞれ「うつぎ」「ばら」「せんだん」の名で知られているが、襲の名前が花の古名であるため、古名で表記した。

3　口紅や頬紅として使された紅《べに》だが、べにばなの生花約三〇〇輪からわずか一匁《もんめ》（三・七五グラム）の紅餅しか作ることができず、その価格は同量の金の十倍とまで言われていた。最高級の紅は玉虫色に光り、江戸後期には下唇に複数回紅を塗り、玉虫色に光らせる化粧法（笹紅《ささべに》）が流行した。

紅猪口《べにちょこ》

五、恋の香り

平中の想い人・侍従の君

襲の色目をはじめ、四季折々の美しい木々や草花、色とりどりに贅《ぜい》の限りを尽くした調度品、そして恋愛。さまざまな色にあふれた宮中で、恋愛はゲームのひとつ、とても考えていたのでしょうか。女性とあらば人妻であろうとなかろうと、口説《くど》き落としては恋仲になり、恋の駆け引きをたのしんでいた殿方がひとり。時《とき》は平安、平中《へいちゅう》（平貞文《たいらのさだふん》　生年未詳〜九二三）と呼ばれていた方です。上品で容姿も申し分のないすばらしい方でしたので、彼に心ときめかない女性はいなかったとか。しかし、世に名高いプレイボーイの平中ですら、口説き落とすことのできなかった女性がひとり。本院《ほんいんの》侍従《じじゅう》の君（生没年未詳）と呼ばれ、藤《ふじ》原《わらの》時平《ときひら》（八七一〜九〇九）に仕えていました[1]。この侍従に平中が恋敗れた話は、香りの世界では知る人ぞ知る、超有名なもの。二人のあいだで交《か》わされた、一風変わった香りについて、お話しします。

プレイボーイの殿方には少々お耳の痛い話かもしれませんがご容赦を。お食事の前後にこの本を読んでくださっている方は、どうぞ次の章を先に、または、出来るかぎり食後一時間以上経《た》ってから続きを読んでいただけますよう。どうしても今すぐ食事をしながら、とお考えの方は、どうぞこの章だけは想像をあまり逞《たくま》しくなさいませんよう。では、侍従と平中の恋物語、はじまり、はじまり。

当時は成人の男女がじかに顔をあわせることのない時代。話をするときは、顔どころか姿すらはっきりと見えない御簾《みす》越し。しかも、女性は大きな桧扇《ひおうぎ》（衵扇《あこめおうぎ》）で顔をかくす習慣でしたので、結婚するまで相手の女性の顔は想像力（妄想力？）頼り。そのため、世の殿方は「〇〇のお嬢さんの御髪《おぐし》は黒く豊かでとても美しいらしい」「△△のお嬢さんの筆跡はきれいみたい」「□□のお嬢さんが詠む歌はすばらしいそうだ」という話や噂《うわさ》を聞いては（その女性のイメージを思い描き）、恋心を抱《いだ》いたのです。なにしろ、インターネットどころか電話すらない時代。現代の私たちのように、時差もお構《かま》いなしにＳＮＳで地球の裏側にいる相手と直接連絡をとるなんて、当然のことながら夢のまた夢でした。懸想文《けそうぶみ》（ラブレター）ですらお付きの人に託《たく》して（しかも、複数の人を介《かい》して）届けてもらわなければならず、その返事もまた第三者を介《かい》するという、時間と根気のいるものだったのです。

そんな時代だったからこそ、男女ともに主人の恋の行方は、乳母《めのと》や乳母子《めのとご》、侍女らの手腕《しゅわん》にかかっていました。場合によっては、彼ら・彼女らが「私がお仕《つか》えしている姫はとても色白で、天女のようなお声で、琴の腕なんて超一流なのよ」「私の主人だって和歌がお上手で、イケメンなんだから」と尾《お》ひれや背《せ》びれをつけて誇張した情報を流したり（もちろん、本当のこともありました）、他家の乳母や乳母子と懇意《こんい》になって情報交換をしたりしていました。裕福な家や地位の高い家の子女ならば、何もしなくても求婚者はやってきますが、そうではない場合や道《みち》ならぬ恋の場合は、乳母たちが躍起《やっき》になって陰《かげ》で画策しては、恋の手引きをしていたのです。みなさんが古典の授業などで読まれた『源氏物語』に登場する惟光《これみつ》や大輔命婦《たゆうのみょうぶ》、小侍従《こじじゅう》、弁《べん》の尼《あま》[2]などが、恋の指南をした乳母・乳母子といえるでしょう。文《ふみ》を書いたり歌を詠んだりするのが苦手な主人のために、乳母や乳母子らが代わりに書くこともあれば、経済的に困窮している貴族が文才を活《い》かして、懸想文の代作・代筆を請け負うこともありました。現在、縁結びで知られる京都市左京区聖護院《しょうごいん》にある須賀《すが》神社では、毎年二月二、三日の節分祭に、烏帽子《えぼし》、水干《すいかん》に白い覆面姿の懸想文売りが懸想文を売り歩くイベントがあり、懸想文は良縁のお守りとされています。当たるも八卦《はっけ》、当たらぬも八卦。冬の京都は底冷《そこび》えしますが、旅行がてら、節分という季節の節目《ふしめ》に懸想文を手に入れて、良縁祈願はいかがでしょうか。

さて、「～らしい」「～みたい」「～そうだ」という噂に恋心が刺激されると、文《ふみ》を送ります。ただの紙に書いた文《ふみ》ではなく、歌や物語、故事などを捩《もじ》ったロマンティックな内容を、文様のある紙や香《こう》を焚き染《し》めた紙、草木染めの紙、文《ふみ》の内容に応じた薄さの紙、ときには葉や扇にしたため文《ふみ》でした。というのも、書いている内容や筆跡、墨のかすれ具合や濃淡、紙の材質などが人物評価の一つだったからです。送り届けられた文《ふみ》や噂、ときには贈り物から、相手がどんな人なのかを見定めながら文《ふみ》のやり取りをしていたのです。譬《たと》えるならば、SNSの絵文字の種類や量を見て、相手の真意を読み解くことは男女ともに常識だった、といったところでしょうか。

当時の色好みの例に漏れず、「侍従という女性はすてきらしい」という噂を聞きつけた平中。しかし、どれだけ文《ふみ》を送っても、想い人である侍従からの返事は一向に来ません。さすがのプレイボーイも焦ったのでしょうか、侍従の心を手に入れてみせると誰かと賭けでもしていたのでしょうか、それとも本当に恋い焦がれていたのでしょうか。プライドも何もかもかなぐり捨てて、ある文《ふみ》を送ります。二人については『宇治拾遺物語《うじしゅういものがたり》』巻三第十八話にもありますが、『今昔物語集《こんじゃくものがたりしゅう》』巻三〇第一話「平中、本院侍従の事」のほうがより詳しく描かれていますので、今回はこちらを現代語にしながらお話しましょう。

――今となっては昔のことですが、兵衛佐《ひょうえのすけ》平定文《たいらのさだふん》という方がいました。字《あざな》（通称）を平中《へいちゅう》といいます。上品で見目《みめ》も素晴らしい方でした。立ち居振る舞いは洗練されており、洒落た話をされる方で、当時、平中に勝《まさ》る方などいませんでした。そんな殿方でしたので、人妻であろうと独身女性であろうと、宮仕えの女性はもちろんのこと、平中が口説き落とせない女性など、いなかったのです。

その頃、本院の大臣（藤原時平）の家に、侍従《じじゅう》の君と呼ばれている若い女性が仕えていました。見目麗《うるわ》しく、才女でした。平中はこの大臣宅をよく訪れていたので、この侍従が素晴らしい女性だという噂《うわさ》を耳にして、命に代えてもと思うほど恋《こ》い慕《した》っていました。しかし、侍従は平中の手紙に一度も返事をしなかったので、平中は嘆いて「せめて『見つ（見ました）』の二文字だけでもいいからお返事ください」と泣き言だらけの手紙を送ったところ、使いの者がはじめて返事をもって帰ってきました。平中は喜び勇《いさ》んで手紙をひらいてみたところ、平中が書いた手紙の「見つ」の二文字だけを破りとって、薄紙に貼りつけてあるだけでした。平中はこれを見て、侍従の才気をますます妬《ねた》んで、落ち込んでしまいました。

さながら、一時期、社会問題にもなったＬＩＮＥの「『既（既読）』ならすぐに返信して！」の平安時代版です。「見つ」という文字をわざわざ切り取って返信するとは、侍従は筆跡すら見せたくなかったようです。お情《なさけ》け頂戴のくだらない手紙を送るほうが悪いという声や、二文字ぐらい自筆で書いてあげてもよかったのではという声がちらほらと聞こえてきそうですが、さて、この手紙を受け取った平中、諦めるかと思いきや、なんと、次の策を講《こう》じます。

雨の降る夜

手紙の返信があったのは二月末の出来事でしたので、「もう諦めよう。どれだけ想っても無駄だ」と手紙をしたためることもやめて、ただ毎日を過ごしていました。しかし、五月二十日過ぎ、絶えまなく雨が降る暗い夜、「今夜行ったら、鬼のように冷たいあの人でも、心を動かしてくれるかもしれない」と、雨が音を立てて降りしきる夜更《よふ》けに宮中を出て、暗闇で道もわからないなか、大臣宅へたどり着き、部屋へ行きました。以前から取り次ぎをしてもらっている女の子を呼んで「思いつめてこうして参りました」と伝言してもらったところ、少女は「今はまだ仕事中で、他の方も休んでいらっしゃいませんので、仕事を切り上げることもできかねます。しばらくお待ちください。こっそりと参ります」と言付《ことづ》かってきたので、平中の胸は高く躍り、「やっぱり、こんな雨の夜に訪ねてきた相手に心を動かさないはずがない。来てよかった」と、暗がりの戸の隙間に寄り添って待っていましたが、何年も待つような感覚でした。

二時間ほどすると、人々が眠りについたようでした。内側から誰かがやって来て、遣《や》り戸《ど》（引き違い戸）の鍵をそっと外《はず》した気配がしました。平中は喜び、戸を引いてみたところ、簡単に戸は開きました。夢のようで、うれしいときでも身震いするものなんだなと、平中は思いました。気持ちを静めて部屋へ入ると、香《こう》のかおりが部屋いっぱいに満ちていました。寝床《ねどこ》と思《おぼ》しきところをさぐってみると、薄い衣を身につけた女性が横たわっていました。頭から肩にかけてはほっそりとしていて、髪の毛は氷が張っているように冷ややかでした。平中はうれしさのあまり震えてばかりで、語りかける言葉すら浮かんでこなかったところ、その女性は「大変なことを忘れていました。障子《しょうじ》の鍵を掛けずに来てしまいました。行って鍵を掛けてまいります」と言ったので、平中はそれもその通りだと思い、「それでは、お早くどうぞ」と言うと、女性は起き上がり、上に羽織っていた衣を脱ぎ置いて、単衣《ひとえぎぬ》と袴だけを身につけて行きました。

衣を脱いで平中が待っていると、障子の鍵を掛ける音が聞こえました。「もう来るだろう」と思いましたが、足音は奥へと遠のいていき、戻ってくる足音もしないまま長い時間が経ちました。不審に思い、起き上がって障子のほうへと行ってみると、鍵は向こう側から掛けられていました。平中はやりきれない思いでいっぱいになり、地団駄《じだんだ》を踏んで泣きました。茫然《ぼうぜん》として障子に寄り添って立っていましたが、とめどなく零《こぼ》れ落ちる涙は、まるでその日の雨のようです。「ここまで呼び入れておきながら騙《だま》すなんて、ひどすぎる。こうなると知っていたら、一緒に鍵を掛けに行くべきだった。私の本心を試そうと、こんなことをしたのだろう。馬鹿で間抜けな奴と思っているのだろう」と思うと、会えなかったときよりも、辛く口惜《くちお》しいばかり。「夜が明けても、この部屋で寝ていてやろう。侍従の君のもとへ平中が通《かよ》ったと知れ渡ればいいんだ」とすら思いましたが、夜明けになると、人々が目を覚ますようだったので、「隠れずに帰るのもどうだろうか」と思い、夜が明けないうちに急いで出ていきました。

手紙を書いても、まともな返事をもらえず、意《い》を決《けっ》して雨のなか訪れてみると、寸前で棄て置きにされてしまった平中。呆《あき》れるやら不憫《ふびん》すぎるやらで、慰めの言葉もみつかりません。

当時、雨の日に外出することは、大変忌《い》み嫌われていました。それというのも、雨が降ると轍《わだち》（車輪の跡）がぬかるみ、車輪がはまってしまうため、牛車はNG。傘をさして歩くにしても、アスファルト舗装などされていないので、普段でも土埃《つちぼこり》の舞う道は泥だらけで牛糞もいっぱい。街灯という闇夜を明るく照らしてくれるものが存在していなかったため、盗賊が待ち伏せしていてもわかりません。もしかしたら、野犬や狼にだって遭遇するかもしれません。狂犬病ワクチンなどという文明の賜物も存在しないので、噛まれたらお陀仏《だぶつ》確定。

当然ですが、レインブーツや防水スプレーといった便利グッズもありません。絹は水に濡れると染《し》みになったり縮んだりするので、超ゴージャスな装束を身に纏《まと》っている貴族にすれば、雨の日の外出と聞けば、「あなや!」と叫んで気絶したくなるような、超クレイジーな行為。

今日彼は来ないからゆっくりできるわぁと、のんびり寛《くつろ》いでいる女性にとっても雨の日の来訪は、「えっ、彼が来てるの? 何それ、本当? 雨降ってるのに? いま降ってるのって、雨よね? ありえないんですけど。もしかして仕事で何かあったとか? それとも、このあいだのケンカのことかなぁ? 落ち込ませるようなこと何か言ったっけ? あの人、見た目と違って結構、打たれ弱いしなぁ。それとも何? ケンカの続き? 私への嫌《いや》がらせ? 雨の日に来るなんて、私が呼びつけたみたいに思われるんじゃないかしら? もう、意味わかんない……」と軽くパニックになってしまうぐらい、信じがたいサプライズだったのです。

雨の日は余程《よほど》のことがない限り出掛けない、それが当時の常識でした。非常識と表裏一体の究極のサプライズであるからこそ、どんな男性であろうと、上手くいけば、彼女のハートをがっちり掴《つか》みとることができる行為だったのです。

この「雨の日にわざわざ来てくださるなんて、そこまで私のことを想ってくださっているのね！」という、少女漫画の題材にありそうな「胸《むね》キュン♥」を成功させた代表例が、『落窪《おちくぼ》物語』巻一の、大雨をものともせずに花嫁・落窪姫《おちくぼひめ》のもとへ通った右近《うこん》の少将《しょうしょう》の話です。しかも、この落窪物語では、なんと、雨が降ったのは結婚三日目の夜でした。当時、婚姻は三日間連続で男性が女性のもとへ通うことで成立し、一日でも欠けると不成立。継母《ままはは》からのいじめを耐え抜き、運命の人と信じた右近の少将との愛の成就もあと一晩、というところで破談になってしまったと嘆いていた落窪姫。しかし、右近の少将は乳母子《めのとご》の協力もあり、土砂降りのなか、泥や牛糞だらけの姿のまま姫のもとへ駆けつけ、ふたりは婚姻を成立させたのです。

　非常識極まりない行為とはいえ、侍従への平中の想いがどれほど強いものであったのか、何となくご理解いただけたかと思います。こんな風習があった大雨の夜、しかも、旧暦の五月ですので、いわゆる梅雨の季節。じめじめした空気のなか、強まったり弱まったりしつつも、雨は降りしきります。風雨のなか歩いて全身ずぶ濡れになり、立派な装束も台無しになったことでしょう。いわば、障害だらけの夜に、若さという無敵の（向こう見ずな？）武器を味方に、「平中です。今宵は雨ですが、こうして貴女に会いに参りました。好きです。貴女のことをずっとお慕《した》いしておりました。私の気持ちを受け取ってください……」と想いの丈《たけ》をうったえれば、招待してもらっていないとはいえ、その場の雰囲気と勢いで受け入れてもらえるかもしれないという下心《したごころ》もあり、平中は雨をものともせず、侍従のもとへと行ったのです。

作戦は大成功！　彼女のプライベートルームに招かれて入ってみると、香《こう》が焚き染《し》められていました。つまり、彼女は空薫物をしていたのです。寝室ですので、おそらくは安息香や薫陸など、甘みがあってリラックスできる、やさしい香りだったのではないでしょうか。そんな香りのなかに、あこがれの女性が薄い衣を羽織っただけの姿で横たわっていれば、興奮でさぞかし頭がクラクラしたことでしょう。健康診断で血圧を測定すれば即《そく》アウト、「要再検査」の恐怖の四文字が診断書に明記されるような状態です。そんな様子を見てとったのか、侍従は「鍵を掛け忘れたので、掛けてきます」と思わせぶりな台詞を言い残して戸口へと向かいます。しかも、単衣と袴（現代風に言うならルームウェア、部屋着といったところでしょうか）だけを身につけて衣は置いたままで行ったので、平中でなくても戻ってくると思いますよね。ところが、侍従は平中が入ってこられないように、平中が待っている部屋の外側から鍵を掛けて、どこかへ消えてしまったのです。棄て置かれた平中、こんなことならいっそ来なければよかったと、さぞ口惜しかったことでしょうね。

くやし泣きしていた平中は自棄《やけ》になったのか、朝まで侍従の部屋で過ごそうとしました。夜が当時、男性は女性のもとから夜明けまでに人知れず帰るのが礼儀、恋のマナーでした。夜が明けてもダラダラと一緒に過ごすのは、男女ともにふしだらなこととされ、非難の対象でした。夜も明けやらぬうちに「では、今宵また」とスマートにお別れするのが、洗練されたオト・ナの恋だったのです。情けないやら、腹立たしいやらで、侍従の評判を落としてやろうと思った平中。しかし、朝まで滞在すれば、平中自身も礼儀知らずだと、評判がガタ落ちになります。もしかすると、惚れた女性に相手にすらされず、ひとりで夜を過ごしたことまでバレてしまうかもしれません。腹癒《はらい》せと風評被害を天秤《てんびん》にかけて……結局、夜明け前にこっそりと大臣邸をあとにしたのです。

また、男性は一晩過ごした女性に対して、その日の早朝までに「後衣《きぬぎぬ》の文《ふみ》」、つまり「昨晩の貴女はとても情熱的ですてきでした……愛しいひとよ、今宵また参ります」という類《たぐい》の内容の手紙を送るのも習慣でした。『今昔物語』では描かれていませんが、『宇治拾遺物語』では、平中は侍従に後衣の文を送っています。取り次ぎの少女の手前《てまえ》、見栄を張ったのでしょうね。「騙して棄て置くなんて、ひどすぎるではありませんか」とやるせない思いを綴《つづ》った平中の文に対して、

何しにかすかさん。帰らんとせしに、召ししかば。後にも。

（どうしてやるせないお気持ちになられたのでしょうか。戻ろうとしたときに、仕事で呼ばれてし

まいましたの。ではまた）

とさらりと侍従はかわしています。よほど興味がなかったのか、部屋に泊めざるを得《え》ない卑怯な状況に持ちこんだ平中にほとほと嫌気《いやけ》がさしたのか。一方、好きで好きでたまらないのに、恋い焦がれている侍従に相手にすらしてもらえなかった平中。愛情が狂気へと変わってしまいました。そして、ついに、常軌《じょうき》を逸《いっ》した行動に出てしまったのです。

可愛さあまって「樋箱《ひばこ》簒奪《さんだつ》事件」

その後、「なんとかして彼女の欠点を聞いて嫌いになってしまおう」と思いましたが、そのような悪い噂はまるでなく、ただただ想い焦がれて過ごすうちに、ふと「あのひとは本当に素敵な女性だけれど、箱に入れるもの（排泄物）は私たちと同じはず。それを見たら、嫌いになれるだろう」と思いつきました。「樋洗《ひすまし》（おまる清掃係）が樋箱《ひばこ》（おまる）を洗いに行くときを狙って、樋箱を奪ってみよう」と、何気ないふりをして侍従の部屋のあたりをうろうろしていたところ、一七、八歳ぐらいで可愛らしく、髪は衣の裾より十センチメートル程度短く、なでしこの襲《かさね》の薄手の衵《あこめ》に、濃い蘇芳《すおう》色の袴を無造作に引き上げている少女が、香染めの薄手の布に樋箱を包んで、緋色地に絵付けしている扇で包みを隠しながら、侍従の部屋から出てきました。「きっと、あの箱だ」と思った平中は、見え隠れしながら後《あと》をつけ、誰もいない場所で走りよって樋箱を奪い取りました。少女は泣きながら抵抗しましたが、無情にもひったくって走り去り、無人の小屋に入って中から鍵をかけたので、少女は外で立って泣くしかありませんでした。

　ここまで読むと、「フラれて当然！　気持ち悪いのよ、変態！」となるでしょう。「平中は出ていけー！　侍従を護《まも》れー！」というシュプレヒコールがあがりそうですが、ひとまず冷静になって、樋箱についてお話しましょう。

　当時、貴族の邸宅に「手洗い」という専用の場所はありませんでしたので、樋箱を便器として用を足していました。当時は裾丈《すそたけ》の長い衣でしたので、裾が排泄物で汚れないように衣を掛ける取っ手「きんかくし」が樋箱に付いていました（この「きんかくし」は、のちに「便器」の俗称になりました）。樋箱には下に引出し（排泄物の受け皿部分）があり、樋洗《ひすまし》は引出しを洗ってきれいにするのが役目。その樋洗の少女が引出しを洗いに行く、まさにその場面を狙って、平中は奪い取ったのです。「年一七、八ばかり」とはいえ数え年なので、満年齢でいうと一四、五歳の少女。蘇芳（黒味を帯びた濃い赤）・淡蘇芳・白の、なでしこの花の色を映した子ども用の対丈《ついたけ》（きものと身長が同寸《どうすん》、同じ長さ）の衣である衵《あこめ》を、濃い蘇芳色の袴のうえに羽織っている少女。香染めの布で包んだ桶箱が見えないように、絵付きの緋色の扇でそっと隠しながら歩いている姿は、どこかあどけなさが感じられます。桶箱を香染めの布で包んでいるのは侍従の指示でしょうか。香染めとは、甘くスパイシーな芳香をもつ丁子《ちょうじ》（ちょ

図1 ちょうじ（丁子）の花
（撮影・著者）

図2 ちょうじの花のつぼみ
（撮影・著者）

うじの花（図1）のつぼみ（図2）を乾燥させた生薬）を煮だして染めたもので、赤みのある黄金色をしています。丁子は「百里香《ひゃくりか》」とも呼ばれていたとおり、一〇〇里[3]離れた遠くまで（一〇〇里は誇張かもしれませんが）香るもの。その丁子で染めた布ですので、すれちがったときや布を結んだり解《ほど》いたりしたときに、ふんわりとやわらかく芳香が漂ったはず。香染めの布で桶箱を包むとは、「醜」ですら「美」に変えてしまう、なんとも心憎い演出です。

さて、戦利品を手にした平中、そのあとどうしたのでしょうか。そうです、ご想像のとおり、なんと桶箱を開けてしまったのです。さあ、お食事中の方は手をとめて、お茶を飲んでいらっしゃる方は湯のみを口から放してくださいね。想像力は封印、ですよ。準備はよろしいですか。覚悟はできていますね。では、まいります。

えもいはず香ばしき黒方の香

桶箱は、表面に金漆を塗ったもので、桶箱の装飾は、開けるのがもったいないぐらい、すばらしいものでした。中身はさておき、桶箱の装飾が普通のものとはかけ離れて美しく、開けてがっかりするのも残念なので、しばらく開けずに桶箱に見とれていました。しかし、「そうはいっても、いつまでも、こうしているわけにはいかない」と思って、おそるおそる箱の蓋を開けてみたところ、丁子の香りがたちまち広がり、あまりのことに驚いて桶箱の中をのぞいてみました。すると、薄い黄色の水が桶箱の半分ぐらいまで入っていました。また、親指ほどの大きさの黄黒い、長さ六〜九センチメートル前後のものが三切れほど弧《こ》を描いて入っていました。「これが、侍従の糞尿なんだろう」と思って見ていましたが、香りがあまりにも芳《かぐわ》しかったので、木切れで突き刺して鼻にあてて匂いを嗅いでみました。なんということでしょうか、薫り高い黒方という薫物の香り（えもいはず香ばしき黒方の香）でした。想像をはるかに超えていたため、「彼女はこの世のひとではないのだなぁ」と思い、見るにつけても、「なんとかして彼女と仲良くなりたい」という狂おしいほどの気持ちに憑《と》りつかれてしまいました。桶箱を引きよせて少し飲んでみたところ、丁子の香りが深く染み込んでいました。また、木切れに刺して取上げたものの先を少し嘗めてみたところ、苦いけれど甘く芳しいこと、この上ありません。

平中は賢く頭の回転が速かったので、「尿にみせかけている液体は、丁子の煮汁を入れたもので、もうひとつのものは、野老《ところ》（ヤマノイモ科のトコロ）と黒方の（薫物の材料になる）香材を甘葛《あまづら》で混ぜあわせて、大きな筆の柄《え》に入れて突き出して作ったものだ」と気づきました。こんな細工は誰でもすることはあるでしょう、しかし、誰かが自分の桶箱を奪って見ようとするかもしれないなんて、どうして思いつくでしょうか。「どんなことに関してもすばらしい能力のある人が考えつくことだなぁ。彼女はこの世の人ではなかったのだ。どうして彼女と結ばれることなく終わりにできるだろうか、できはしないなぁ」と思い悩んでいるうちに、平中は病気になってしまい、病に苦しんでいるうちに亡くなってしまいました。（恋に執着した結果亡くなってしまうとは）本当に、つまらないことです。男（平中）も女（侍従）も、どんなに罪深かったことでしょうか。

だから、「女性に決して強く思い入れてはいけないのです」と世間が避難したと語り伝えられています。

……ふぅ、お食事中だった方、お茶をたのしんでいらっしゃった方、大丈夫ですか。もう終わりましたので、どうぞお気を確かに。他のみなさんも、深呼吸をするなり、散歩に行くなり、窓を開けて空気の入れ替えをするなりして、気分転換をなさってくださいね。では、話に戻ります。

洋の東西を問わず、「狂気なき愛は愛にあらず」と言いますが、平中にしろ、侍従にしろ、ここまで心や生活を蝕《むしば》み、歪《ゆが》ませてしまったのは、いったいどうしてだったのでしょうか。「男も女もいかに罪深かりけむ（男も女もどんなに罪深かったことでしょうか）」という物語編者の言葉は、当時の情勢不安や自然災害、そして仏教が複雑にからみあった背景から生まれたものといえます。天然痘や麻疹《はしか》[4]、マラリアなどが定期的に流行し、雷や洪水などの自然災害も多かった当時、疫病の発生や自然災害、政治不穏などはすべて怨霊の祟りであると考えられていました。

なかでも、怨霊の代表格として長い間、人々に恐れられていたのが菅原道真です。道真は当時、藤原氏一族と政敵関係にありました。昌泰二（八九九）年、藤原時平の左大臣着任と同時に、道真は右大臣に着任します。トップの時平に次《つ》いで二番目の地位になった結果、藤原氏とのあいだの確執が強まり、ついに昌泰四（九〇一）年、時平の讒言《ざんげん》（誹謗《ひぼう》、中傷《ちゅうしょう》。「根も葉もない悪口」のこと）によって、都から遠く離れた太宰府《だざいふ》へと左遷《させん》されてしまいます。その二年後の延喜三（九〇三）年、都へ戻ることなく、道真は亡くなってしまいました。現在、道真公を祀っている福岡県・太宰府天満宮の、本殿に向かって右側に「飛梅《とびうめ》」と呼ばれるうめの木があります。第三章「重陽の香り」でも紹介した「東風吹かば」の歌でも知られている梅です。ご存知の方もいらっしゃるように、この木は（もちろん、現在の飛梅は、何代か後《あと》の「飛梅」ですが）道真公が亡くなったとき、京都からはるばる太宰府の地へ飛んできたと言い伝えられています。道真公の死後、都では伝染病がはやり、天災が相次《あいつ》いで多発しました。人々は天災を道真公の祟《たた》りだと噂《うわさ》をし、道真公を雷神として、うめの木をご神木としてお祀りすることになったのです。このように、御霊《みたま》を鎮める、鎮魂のための祭りを御霊会《ごりょうえ》といい、現在まで続いています。

そんな社会不安のある時代、仏教の末法思想が広まっていました。仏教では釈迦の入滅後の時代を、信仰のかたちから三つに区分しています。いわゆる、釈迦の説いた教法・修行・悟りの三つがそろった時代（正法《しょうぼう》）、教法と修行者は存在するものの正しい修行が行われないため悟りが得られない時代（像法《ぞうぼう》）、教法のみとなり修行者もなく悟りも得られない時代（末法《まっぽう》）の三つが仏教的歴史観で、この末法のあとにすべてが消滅する時代（法滅《ほうめつ》）があるといいます。

当時、この末法が永承七（一〇五二）年に始まると考えられていたため、人々は心の平安を得るために、享楽に耽《ふけ》るものがいる一方で、あるものは祈り、あるものは仏門に入り、またあるものは自らの生き方を律《りっ》したのです。少しでも悟りを得るために、欲を捨てようともしました。「色不異空、空不異色、色即是空、空即是色（色《しき》は空《くう》に異《け》ならず、空は色に異ならず、色は即《すなわ》ちこれ空なり、空は即ちこれ色なり）」と経典にも記されているように、物質的現象である色は、無実体である空でもあり、そのまた逆も然《しか》り。煩悩を棄て、執着心を持たない生き方は、当時の人々にとって衝撃であり、あこがれだったのでしょう。一方、色と空を行き来するような恋のやり取りをしていた平中と侍従。二人それぞれにとっての理想の恋愛とは、一体どのようなものだったのでしょうか。身を焦がすような恋か、それとも、感情を乱されることのない静寂か。解けない謎があるからこそ、われわれの心の琴線は震えるのかもしれません。

図3 丁子（クローブ）
（撮影・著者）

最後の場面に登場した香りについてひとこと。第一章「沈水香の漂着」でもお話した生薬の丁子（図3）は甘くスパイシーな香りで、西洋ではお菓子に、アジアでは口臭消しにも使われているほどで、まぎれもない芳香です。現在は、スーパーマーケットやコンビニエンスストアなどのスパイスコーナーで丁子（クローブ）は入手できますので、ご興味のある方は、どうぞ香りを試してみてください。料理に使わなくとも、小さなお皿に二つ、三つ入れて机の上に置いておくだけでも、部屋中に香りが漂います。とはいえ、かなり甘い香りで好き嫌いがはっきり分かれますので、くれぐれも家族会議を開いた後になさってくださいね。

こうして、四季折々の行事をはじめ、様式美と生活美としての地位を手に入れた香りは、疫病や災害、政治不安のなか、武士たちが表舞台へと出てきたことで、「生命の輝き」をより強く放《はな》ち、あるがままの美を深く追い求めることになっていったのです。

1　侍従の君は、『宇治拾遺物語』巻三第一八話「平貞文、本院侍従事」では「村上の御母后の女房（村上天皇の御母后に仕えている人）」となっている。

2　惟光は光る君の乳母子で、光る君と紫の上をはじめとする数々の女性、大輔命婦は光る君の乳母子で光る君と末摘花、小侍従は朱雀院の女三宮の乳母子で柏木と女三宮、弁の尼は宇治八の宮家の女房で薫と大君・浮舟の、それぞれの仲を取り持った。

3　一里は五町で、一町三六〇尺なので、一〇〇里は五〇〇町（一八〇〇〇〇尺）、おおよそ四〇キロメートルとなる。

4　麻疹は急性の熱性発疹性感染症のひとつで、成人が罹患すると重篤化することで知られている。現在ではワクチン予防接種も行われているが、世界中で近年まで死亡率を左右してきた疾病の一つであった。日本においても、江戸時代に「疱瘡（天然痘）は見目定め、麻疹（はしか）は命定め」と言われていたように、治療が困難な疾病として、人々に忌み嫌われていた。

六、バサラ・カブキたちの香り

人間《じんかん》五十年

思へばこの世は常の住家《すみか》にあらず
草葉《くさば》に置く白露　水に宿る月よりなほあやし
金谷《きんこく》に花を詠《えい》じ　栄花《えいが》は先立つて無常の風に誘はるる
南楼の月を弄《もてあそ》ぶ輩《ともがら》も　月に先立つて有為《うゐ》の雲にかくれり
人間《じんかん》五十年　下天《げてん》の内《うち》をくらぶれば　夢幻《ゆめまぼろし》のごとくなり
ひとたび生《しょう》を享《う》け　滅せぬ者のあるべきか
これを菩提《ぼだい》の種《たね》と思ひ定めざらんは　口惜しかりき次第《しだい》ぞ

これは、戦国時代を綺羅星《きらぼし》のように一瞬にして駆け抜けた織田信長（一五三四〜一五八二）が好んだことでも知られている、幸若舞《こうわかまい》『敦盛《あつもり》』の一節です。永禄三（一五六〇）年五月一九日、信長はこの一節を謡《うた》い舞って法螺《ほら》を吹き、かの有名な桶狭間《おけはざま》の戦いに強襲《きょうしゅう》作戦で臨《のぞ》み、今川義元《よしもと》（一五一九〜一五六〇）を破ったと言われています。当時の織田家は、勢力を拡大したとはいえ、御一家《ごいっか》（室町幕府において足利《あしかが》氏に次いで家格の高い一門）の筆頭だった吉良《きら》家の分家である今川家にくらべると領土も狭く、家格においても政治手腕においても、何もかもが雲泥《うんでい》の差でした。そんな不利な状況下にあった自身や家来たちを鼓舞するためだったのでしょうか、それとも、戦法を編み出す彼独自の儀式だったのでしょうか、信長は謡い舞ったのです。

もとは五穀豊穣を祈願するためにつくられた幸若舞ですが、荒々しさのなかに、どこか哀愁ただよう武将たちの肉迫した軍記物を主題とするものが多いためか、能とともに武士たちに愛好されました。刀創《かたなきず》が絶えることはなく、いつ生死をかけた戦いの場へ赴《おもむ》くかもわからず、しかも、家臣や家族でさえ突然牙《きば》を剥《む》くかもしれない乱世。この世に永久《とわ》に留《とど》まり続けることはできない。草葉《くさば》の露《つゆ》のような人間の命など、水面に映る月よりも儚《はかな》い存在。先人たちの例にもあるように、栄華をどれだけ極めても一瞬にして消えさる、束《つか》の間《ま》の人生に変わりはない。人間の五十年を一年として過ごす四天王《してんのう》（東を護る持国天《じこくてん》、南を護る増長《ぞうちょう》天《てん》、西を護る広目天《こうもくてん》、北を護る多聞天《たもんてん》）に比べれば、人間の一生など夢まぼろしと同じ。天から命を授かれば、いつか死ぬのがひとの定め。これこそが究極の悟りの叡智《えいち》と思わなければ、やるせなくなるばかり。それならばいっそ「いま」を、すべての「いま」を生きてぬいてみせる。生きて、生きて、生きぬいてやる。

こんな気持ちで、彼らは「いま」を、刹那《せつな》を、ただひたすらに生きたのではないでしょうか。一瞬一瞬を駆けぬけた彼らも、香りを愛してやみませんでした。そんな彼らが好んだものが香木。香木を燻《くゆ》らせると、透きとおった白い煙が生まれては消えていく。決まった姿をもたず、姿を自在に変えながらも確かに存在する香り。それは、「いま」という瞬間すべてを生き、まばゆいばかりの生《せい》を全《まっと》うした彼らの人生観にぴったり一致するものだったのでしょうか。それとも、合香や練香とは違って、それ単体ですぐに香りを聞くことのできる香木は、短期間で結果を出すことが求められた彼らの生活リズムに合っていたのでしょうか。いつ、どこで、命の花を散らす瞬間がくるのかわからない彼らにとって、香木を焚《た》くことは生への執着《しゅうちゃく》から解放される、安らぎのひとときだったのかもしれません。

バサラの誕生——そしてカブキ

平安の頃に発達し、方《ほう》（調合方法）を競う遊びまで生みだされた薫物《たきもの》ですが、勇猛果敢な武将たちが活躍していた当時、日本の香り文化の主流は香木そのものを、なかでも沈香を燻《くゆ》らしてたのしむものに回帰していました。貿易も盛んになり、香木の輸入量も格段と多くなると、香木を所有し、香木に名前を付けることがある種《しゅ》の、社会的地位の高さの証《あかし》になっていたのです。『建武記《けんむき》』に記されている建武二（一三三五）年の京都・鴨川の河畔、二条《にじょう》河原《がわら》に掲げられていた落首《らくしゅ》、つまり、政治家や政策、社会情勢などを風刺した落書きですが、そこには、

> 最近、都で流行しているもの。夜討ち、強盗、偽《にせ》の御触れ、緊急招集に早馬、喧嘩、……犬闘と田楽は鎌倉幕府の最後の得宗《とくそう》（北条氏の惣領、家督相続者）であった北条《ほうじょう》高時《たかとき》が身代を潰《つぶ》した理由としてよく知られているのに、田楽は今も流行している。茶香十炷《しゅ》の寄合も、都では鎌倉並みに大人気である。[1]……

とあり、夜襲や夜間の強盗、偽の法律発布などに加えて、十種類のお茶と香木を判別して勝敗を競うあそび、いわゆる「闘茶」「闘香」が都で流行っていたことがわかります。常に生死のはざまで生きていた彼らは、香りを混ぜあわせて新しい香りをうみだす薫物よりも、香木から立ちのぼる煙と匂いに、深い味わいを見いだしていたようです。木片でありながら、辛《しん》（からい）・甘《かん》（あまい）・酸《さん》（すっぱい）・鹹《かん》（しおからい）・苦《く》（にがい）の五つの

風味であらわされる匂いをもつ香木の奥深さは、ぴんと張りつめた神経を和《やわ》らげるのに打ってつけだったのでしょう。また、この陰陽五行説に基づく五つの香りの風味（五味《ごみ》）と、品質や産地などを組み合わせて、沈香を六つに分類していました。それが、羅国《らこく》、真南蛮《まなばん》、真南伽《まなか》、寸聞多羅《すもとら》、佐曽羅《さそら》、そして伽羅《きゃら》の六種類（六国《りっこく》）[2]で、このような沈香の分類法を、「六国五味」といいます。

さて、その当時の社会風潮はというと、いわゆる「バサラ」が流行していました。バサラとは、サンスクリット語で「金剛杵《こんごうしょ》（インドラ神の武器）」や「金剛石（落雷、またはダイアモンド）」を意味する「वज्र（vajra・ヴァジュラ）」に由来し、「婆娑羅」や「婆佐羅」などと漢字表記されてきました。みほとけの教え・智慧《ちえ》をあらわした金剛杵が「砕破《さいは》（煩悩《ぼんのう》を打ち破る）」のシンボルであることから、「身分や既存の秩序を無視して無遠慮、傍若無人、かつ豪奢にふるまう」風潮のことを意味するようになりました。バサラが日々変化する不安な社会情勢を反映していたからなのか、バサラが新たな風潮を意味するに至った経緯についてはよくわかっていません。ともあれ、派手な格好や贅《ぜい》の限りをつくした遊宴などが、終始《しゅうし》行われていたのです。

そんな風潮を、眉をひそめて見ていた人物がひとり。建武三（一三三六）年、時《とき》の頃は南北朝、北朝のトップであった足利尊氏《あしかがたかうじ》（一三〇五〜一三五八）は施政方針である『建武式目《けんむしきもく》』を制定します。これをみると、尊氏がバサラ者と呼ばれていた集団をどれほど毛嫌《けぎら》いしていたかがわかります。『建武式目』の第一条には、

一　倹約すること

近頃、バサラと称して、過度な贅沢を好み、金糸銀糸で織りあげた高価な絹織物や、名剣・名刀、人目をひく服装など、そのけばけばしさは目を見張るほどである。実に狂気の沙汰である。金持ちはますますそれを誇って、貧者はバサラになれないことを恥じている。世間一般の風紀がこれほど乱れたことはない。風紀を取り締まらなければならない。

と、バサラ行為やバサラ者への怒りが噴出しています。よほど腹立たしい出来事でもあったのでしょうか。しかし、その尊氏政権の立役者であった佐々木道誉《どうよ》（一二九六?〜一三七三）も、バサラ大名の代表的存在でありました。彼のバサラ振《ぶ》りについては、さまざまに書きのこされています。たとえば、山法師とのトラブルから都落ちを余儀なくされた際も、みじめな様子は微塵《みじん》にも見せず、それどころか豪奢極《きわ》まりない宴会を連日催《もよお》したこと、戦いに敗れて城をあとにする際も、攻めいってくるであろう敵を歓待する用意を整えて立ち

去ったこと、そして敵への牽制を込めて野外での茶会を催し、その際に、伽羅《きゃら》（最高級の沈香）を惜しげもなく、焚き木として火の中に投げいれ、その芳香を豪快にたのしんだことなどが伝えられています。このときの様子が、南北朝史を描いた軍記物語『太平記』巻三十九「諸大名道朝を讒するこど付けたり道誉大原野花の会の事」のなかにも、描かれています。

庭には巨大な桜の木が四本あった。それぞれの木の下に一丈（十尺。約三メートル）余りの大きさの真鍮の花瓶を鋳《い》かけて、まるで花瓶に桜の木が生《い》けられているかのように見立てていた。その中央には、両端に飾りのある香炉を並べ、一斤（約六〇〇グラム）もの名香を一度に炊き上げた。その馥郁《ふくいく》たる香りは四方八方《しほうはっぽう》へと流れ、人々はまるで香りの世界に漂っているかのような気分であった。

普通ならば、〇・一グラムもないような、小指の爪ほどしかない小さな香木の欠片を薄い雲母《うんも》（マイカ）の板（これを「銀葉《ぎんよう》」といいます）の上に置いて熱し、その香りを静かにたのしむもの。その、数千倍もの重さの六〇〇グラムというのですから、なんだかステキな香りがするわ、というような可愛らしいものではなく、眩暈《めまい》や頭痛がするほど強烈な香りの渦《うず》に人々は呑みこまれたのでしょう。たしかに、現在でも、度を越しただの酔狂《すいきょう》としか思えないもったいない行為や、自分たちの生活が脅《おびや》かされる行為であれば、「これが『芸術』なんです」とどれだけ主張されても、「貴方の行為は、奇《き》をてらった破壊的な自己満足以外の何ものでもない。無人島へでもどこへでも行って、そこで一人で遊びなさい」と怒りを買うだけで、賛同や評価を得ることなどむずかしいでしょう。

しかし、彼らバサラが生きた十四世紀という時代は、戦乱だらけの日々。国内は、大きく南朝・北朝の二つにわかれて血を流しあい、大小さまざまな戦いに加え、天災が何度も起こっていました。つづく十五、十六世紀も、戦乱、飢饉、疫病の世紀。バサラと呼ばれていた脱既存社会の彼らは、「カブキ（傾寄・歌舞伎）」や「うつけ（馬鹿者）」と呼ばれるようになります（「尾張《おわり》の大うつけ」と呼ばれていたのが織田信長です。きっと、旧習に縛られることなく、大胆かつ自由な発想を持っていたからこそ、あれほどの偉業を成し遂げられたのでしょうね）。身分を越えて、精神力・知力・体力という心技体の三つに、時《とき》の運を併せもった者だけがチャンスを攫《つか》むことができた「下剋上《げこくじょう》」の時代。我こそは、と野心を抱いた者があちらこちらで誕生し、騙し騙され、刀や槍を手に力試《ちからだめ》しをしていました。安らぎとは程遠い時間の中で、彼らは生きていたのです。

同時代の世界の激動

これら脱既存社会の現象は、日本だけではありませんでした。同時代の世界中で戦闘が繰りひろげられ、新しい国家・王朝が誕生しました。つまり平穏な治世とはかけ離れ、混沌としていた時代だったのです。アジアだけをざっと見渡してみても、タイではアユタヤ朝が、中国では明が、中央アジアではティムール朝が、朝鮮半島では李氏朝鮮がそれぞれ産声《うぶごえ》をあげています。遠く中米ではアステカ王国が誕生し、欧州では東ローマ帝国が滅ぶなど、挙げればきりがないほど多くの新旧の王朝の興亡がありました。コロンブスの西インド諸島到達にマゼラン船団の世界一周、ルターやカルヴァンの宗教改革や宗教裁判、各地での戦争、イギリス国教会の創設、コペルニクスの地動説など、それまでの常識を一変させる大事件も次々とおこりました。また、かの悪名高い黒死病《こくしびょう》（腺《せん》ペスト）が猛威をふるい、欧州の全人口の三分の一以上が命を落としたのもこの時代です。非常事態が通常だった、そんな時代だったからこそ、世界各地で身分や秩序をこえて、それまでの社会ではありえなかった斬新な思想が生まれ、新しい技術、新しい文化が次々と世に登場していったのです。

古代ギリシアで栄えた科学は、八世紀後半から十五世紀にかけて混乱していた欧州にかわって、イスラム諸地域で発達しました。医学、薬学、数学、建築学、地理学、物理学、工学などが盛んに研究され、これらの知識を結集させた天文学も発展しました。その知識の躍進に不可欠な測量機器や医療機器はもちろんのこと、蒸留酒や化粧水、香油水の製造から錬金術にまで使われたアランビック（冷却式蒸留器）も完成（図1）。のち、これらは欧州に輸入され、ルネッサンスと呼ばれる一大変化に（もちろん、香りにも！）大きな影響を与えました（アランビックについては、第八章「花の露」でも少しお話しします）。

図1 アランビック
イスラム科学技術歴史博物館（Museum of the History of Science and Technology in ISLAM、トルコ）蔵、著者撮影。

また、たび重なる戦乱が起こった、つまり負傷者が多数出た結果、現在でいう外科治療法が世界中で発達したのも、この時代でした。主に、十六世紀のことですが、西洋では解剖学や外科が開花していきます。たとえば、イタリア・パドヴァ大学で学び、解剖学の祖と呼ばれ、その著書『人体の解剖（De

Humani Corporis Fabrica)』が、さまざまな分野の人々に今なお影響を与え続けているベルギーのアンドレアス・ヴェサリウス（一五一四～一五六四）。床屋医師として経験を積み、従軍時の軟膏治療や血管結紮《けっさつ》法で知られ、のちフランス王シャルル九世の主治医にまで上《のぼ》りつめた近代外科の祖アンブロワーズ・パレ（一五一〇～一五九〇）などが知られています。

同様に、わが国では、刀や槍など金属製の武器による創《きず》（金創《きんそう》）を専門としたことから「金創科」と呼ばれ、のち、この金創科から現在の産婦人科にあたる女科、とくに難産時の外科手術を得意とした流派が誕生しました。近世、日本の人工妊娠中絶の代名詞的存在となった中條流《ちゅうじょうりゅう》（帯刀中條《たてわきちゅうじょう》を開祖とする一派）なども、金創科の出として知られています。

バサラ・カブキを生きる

九世紀から十四世紀にかけて比較的温暖だったヨーロッパに対して、数十年単位で気候変動が起こっていたアジア。それは当時の衣装の変遷からもわかります。きらびやかな束帯や女房装束に比べて、狩衣《かりぎぬ》や小袖《こそで》は「シンプル」というイメージを持っていらっしゃる方もいると思います。たしかに、もとは身分の低い武官の衣装だった狩衣が最高位の礼装に、内衣《うちぎ》

（下着）であった小袖が表衣《うわぎ》になり、時代の流れとともに身につける枚数が少なくなったり、裳が袴に代わったり、裾丈も短くなったりと、装束の簡素化が見てとれます。そうかと思えば、輸入した羊毛や羅紗《らしゃ》（厚手の毛織物）、ビロード、毛皮を使って陣羽織が作られたりもしていました。つまり、体温調節がしやすく、容易に脱ぎ着ができる装束へと移行していったのです。気候が一定でなかったからこそ、さまざまなデザインが編みだされたのでしょう。しかし、平安の頃の人々が愛した、あの華やかな色合いは、装束のなかに残されました。婦人用かと見紛《みまが》うほどの色鮮やかな装束は、見ているだけで、バサラやカブキと呼ばれた彼らの、熱い息遣いが伝わってくるようです。あの燃えあがるような緋《ひ》色だからこそ、今もバサラやカブキの匂いを感じるのかもしれません。

　また、季節を問わず、ひとは汗をかきます。アジア系の人々は、他地域の人々に比べると体臭がほとんどない、または薄いといわれますが、日本の夏は高温多湿。夏以外でも湿度が高い日は、いつも以上ににおいに敏感になります。夏場になると、制汗剤や汗取りパット、汗のニオイが気にならないワイシャツなどが多数発売されていますので、愛用されている方もいるでしょう。草食系や絶食系と呼ばれる中性的な雰囲気を持つ男性が市民権を得ている現代とは違って、戦国の世にはおそらく武芸に秀《ひい》で、筋骨隆々とした雄々《おお》しい殿方がたくさんいらっしゃったことでしょう。とはいえ、先の平安の頃に根付いたあでやかで華やかな貴族の香文化がそう簡単に廃《すた》れたわけがありません。もちろん、どれだけ暑いからといっても、汗をかいたらすぐシャワー、出勤前にシャンプーして朝からスッキリ、というのは不可能でした（行水《ぎょうずい》はしていたでしょうが、今と昔とでは衛生観も、水の貴重さも違う、ということを忘れないでくださいね）。

そんななか、戦いに明け暮れているだけで「あはれ」の「あ」の字も理解できないような、ただの荒《あら》くれ者と思っていた人物とのすれちがいざまに、ふんわりといい香りがする。それが自分の好きな香木、または、香木のなかの香木といわれる伽羅《きゃら》だと気づいた。意を決《けっ》して話かけてみれば、詩歌や舞、絵、何を話題にしてもウィットに富《と》んだ話ができる洗練された人物だとわかった日には、それまで蛇蝎《だかつ》のごとく忌み嫌っていた相手が、魔法がかかったかのように一瞬にして王子様に大変身！　そして、蜉蝣《かげろう》の羽のように薄いガラスでできている女子《おなご》の繊細なハートはぎゅぎゅぎゅぎゅぅーっと鷲掴《わしづか》みにされてしまうのです（恋にまで落ちてしまうことは、まぁ、まずありませんが）。文武両道に精通していらっしゃる殿方でしたのね。わたくしったらなんて浅はかだったのでしょう、外見だけで殿方を判断していたなんて。とんだ非礼をお赦しくださいまし、ってな感じでして、それからはその方のお名前を耳にしたり同じ漢字を目にしたりするだけで、ちょっぴり胸がほんわかして優しい気分になったり、すてきな宝石箱を手にした少女だった頃の気分を思い出したりと、小さな幸せが溢れていくのです。

きっとみなさんも、こんな経験をお持ちでしょう。例えば、真夏の蒸し暑い日に、部活帰りと思《おぼ》しき、シャツが汗で身体にぴったりと貼りついているような、いかにも「汗臭い」「むさくるしい」学生の集団から、石鹸や香《こう》の香りがしたら……「えっ？　汗と土《つち》ぼこりの匂いじゃないの？」と、驚いて振り返りますよね？　そのあと、それとなく関連のスポーツや学校のことを見聞きしたり、同年代の学生のことが気になったりと、少しずつ変化が起こります。それまで、「イヤだ、また、あの集団が来た！」と眉間にしわを寄せて、ネガティブな感情を抱《いだ》いていたはずなのに、次に見かけたときに軽く会釈《えしゃく》してみる。すると、「こんにちは！」と元気よく挨拶が返ってきた！　もう、それ以降は、睨《にら》みつけることもなく、やさしく微笑んで、心の中で「勉強もスポーツも頑張って！」と応援するご近所さんに早変わり。大なり小なり（？）、よく似た経験をされていると思います。こんな変化こそ、香りが持つ力なのかもしれませんね。

時代が変わったといっても、文化は思想をつくるもの。文明とはちがって、文化を絶《た》やすことは思想を根本から失うことにほかなりません。そして、一度途絶えた文化を再興するには、途方もない時間と労力が必要となります。その人が活躍する分野の技術や知識のみならず、その時代の常識や社会情勢の分析に加え、花や自然を愛でる、歌を詠む、絵を描く、古典をまなぶ、舞を舞う、香を聞く、書をたしなむ、他の思想・文化・宗教との差異を認めたうえで交際するなど、どんな時代や文化でも通用するいわゆる文化的な素養、相手がどんな人物であっても話題に事欠かない豊富な知識と話術、交渉力、忍耐力、そして、人を惹きつける魅力があってはじめて、トップに立てるのです。「教養なんてありません」と開きなおったり、データがあるから現物保存や伝承など無用と切り捨てたりするなんて言語道断。先ほどご紹介した佐々木道誉も破天荒な武将ではありましたが、それ以上に、豪奢をきわめた文化的教養の高い人物として知られています。たとえ百戦百勝の猛将であろうと、イケメン御曹司であろうと、無粋・無骨・無教養の三無しではひとを魅了することはできませんものね。

無論、某大なデータを扱うにしろ、制度を拡充するにしろ、サイエンスは必要不可欠です。即戦力になる技術や知識無くして変革は始まりません。しかし、それらを支え、生みだすための土台、文化や言語、歴史、芸術を蔑《ないがし》ろにしては、パターン化されたものしか創造できません。各国、各地域の特色があるからこそ、異なる文化や歴史と出会ったときに衝突がおこり、そこで新しい何かが生まれるのです。歴史を振り返ってみてください。政変があったとき、自然災害があったとき、人々の暮らしを一変させるような発明があったとき。いずれのときにも新しいものの見方（枠組みや発想）、新しい概念が誕生しています。新しい枠組みや発想、概念は、次の新しい知識や技術を生みだしますが、その土台が軟弱で、他を受け入れるだけの許容量がなかったり、柔軟性に欠けていたりすると、衝突はただの破壊に終わってしまいます。いつの世も、ひとの上に立つ者、本当の意味での「モテ男《お》」（もちろん「モテ女《こ》」もです）には、本業での能力だけでなく、「キラリと光るたしなみ」が必須なのです（世の殿方《とのがた》、コレ、本当ですよ。女はチラッと見えるキラリに弱いのです。事実、「ジュエリーは好きじゃないの……」なんていう女性はいませんでしょ？）。

暑くても寒くても、気分転換や匂い消しに香りはとても有用です。東アジアの気候激動期とは違って、十四世紀半ば以降に小氷期《しょうひょうき》とよばれる肌寒い時代に戻ったヨーロッパでは、毛皮が大流行しています。歴史の教科書や史料集などには、欧州のドレスの写真が載せられていますし、白貂《しろてん》の毛皮を纏《まと》った王侯貴族の姿が描かれた肖像画をご存知の方も多いでしょう。先にお話した羅紗やビロードはもちろんのこと、絵画および断熱材としての役割を持って部屋に飾られたタペストリーの制作技術も、この時期に発展しています。また、今のオーデコロンの原型といわれる香水「王妃の水」がイタリアで作られたのも、この小氷期の頃です。日本に香水が輸入されるのは江戸時代以降ではありますが、イタリアのメディチ家のカテリーナ（フランス名はカトリーヌ・ド・メディシス。一五一九～一五八九）がフランス・アンリ二世のところへ嫁ぐ際に作られたのが最初になります。カテリーナの実家であるメディチ家は、イタリア・フィレンチェで銀行家として財をなし、政治家や教皇を多数輩出し、のちにトスカーナ大公国の君主にもなった一族で、イタリア・ルネッサンスを支えた大富豪として知られていますが、薬種販売をしていたこともわかっています。さらに、とてもおもしろいことに、アルファベットで綴《つづ》るとMediciとなります。もうお気づきですよね。そうです、このメディチという苗字は、みなさんお馴染みの薬や医学を意味するmedicineの語源です。

香木の輸入量の増大にともなって広まった香りの遊びは、室町幕府の八代将軍・足利義政《よしまさ》（一四三六～一四九〇）の支持の下《もと》、三条西実隆《さんじょうにしさねたか》（一四五五～一五三七）や、志野宗信《しのそうしん》（不明～一四八〇）らを中心に、沈香の分類法である六国五味や道具、様式などが定められ、次第に香道として成立、確立していきました。現代につづく香道ですが、香りを聞いて観賞する聞香と、香りを聞きわける遊びの組香に大きく分かれます。なかでも、後者の組香は、政治が安定し、経済が発展した江戸の頃になると最盛期に入り、人々の間で好まれ、たのしまれました。香道は、教養の一つとなり、特に上流階級の男性にとって必須の素養になっていったのです。

1　「二条河原落書」『群書類従』雑部所収。

2　沈香の分類法・六国の産地同定については内藤湖南「香の木所について」(『日本文化史研究』巻下、講談社、一九七八)に詳しい。

七、義の香り

幼子のため

返々《かえすがえす》、秀よりの事
たのミ申候　五人
の志ゆたのミ申候〱
いさい五人の物ニ申
わたし候　なこり
おしく候　以上

秀《ひで》より事
なりたち候《そうろう》やうに
此かきつけ候
志《し》ゆと志《し》て　たのミ
申候《もうしそうろう》　なに事も

何度も繰り返しますが、秀頼のことを
よろしくお願い申し上げます。五人（家康・
利家・輝元・景勝・秀家）に頼みます。
詳細については、五人に伝えています。
名残惜しい限りです。

秀頼のことが成り立つように、
（秀頼の将来が万事、整うように）
この書を書きつけました。
五大老（家康・利家・輝元・景勝・秀家）の
衆《しゅう》（皆さん）に、頼みます。何事も、

此ほかにわおもひ　　この他には思い残すこともありません。
のこす事なく候
かしく

（慶長三年）八月五日　秀吉　御判

いへやす　家康
ちくぜん　筑前（利家）
てるもと　輝元
かげかつ　景勝
秀いへ　秀家
万《ま》いる

毛利家文書の一つである、この仮名交じりの文章をご存知の方もいるのではないでしょうか。一小姓《いちこしょう》から身を起こし、ついには天下人《てんかびと》へと登りつめた、かの太閤秀吉（一五三七〜一五九八）の遺言状の一部です。「いへやす（徳川家康《とくがわいえやす》）」「ちくぜん（前田《まえだ》（筑前守《ちくぜんのかみ》）利家《としいえ》）」

「てるもと（毛利輝元《もうりてるもと》）」「かげかつ（上杉景勝《うえすぎかげかつ》）」「秀いへ（宇喜多秀家《うきたひでいえ》）」の五大老に、まだ幼いわが子・秀頼の後見《こうけん》を何度も念を押してお願いをしたもので、天下人たる人物の遺言状にしては、なんとも言えない侘《わ》びしさ、もの哀しさが漂っています。

豊臣政権の中枢を担っていた五大老は、もとは徳川家康（一五四三〜一六一六）、宇喜多秀家（一五七二〜一六五五）、前田利家（一五三九?〜一五九九）、毛利輝元（一五五三〜一六二五）、小早川隆景《こばやかわたかかげ》（一五三三〜一五九七）の五名でしたが、隆景が病死したのちは上杉景勝（一五五六〜一六二三）が、利家の死後は利家の子・利長《としなが》（一五六二〜一六一四）がその任を引き継いでいます。この遺言が書かれた当時の豊臣政権では、ふたつの勢力が対立関係にありました。徳川家康と前田利家の両派閥です。五大老のなかでも、徳川家康の勢力は群《ぐん》をぬいており、秀吉の死後、家康の力をもってすれば、幼《おさな》い秀頼を城主とする豊臣家はもちろん、他の諸大名を従わせることなど容易《たやす》いものだったでしょう。そんな家康を、唯一牽制《けんせい》しうる地位にいたのが最長老の前田利家でした。秀吉は、年老いて授かった秀頼が自身の跡継ぎとして、元服後に覇者たりうるよう、また、五大老以下諸大名が互いを牽制しあい、勢力の拮抗《きっこう》を保てるよう、それぞれに秀頼元服までの事細《ことこま》かな役割分担をふくめて、遺言状を書いたのだと思われます。

慶長三（一五九八）年八月、遺言状をしたためた数日後、秀吉はこの世を去ります。ついで翌四年三月には、秀吉から豊臣家の一切の家政を任《まか》されていた利家が他界。嫡男《ちゃくなん》（正室が産んだ男児のなかの最年長者）の利長がその地位を引き継ぎますが、哀しい哉《かな》、その力量《りきりょう》は亡き父・利家には遠くおよばず、家康へ恭順《きょうじゅん》することで家名を守りました。しかし、家康の独裁に嫌悪感をいだいていた大名らが対抗。会津（現福島県西部）の上杉景勝にいたっては、家康からの再三にわたる上洛命令を無視した挙げ句、あの有名な反駁書《はんばくしょ》（反対意見書のこと）「直江状《なおえじょう》」を送りつけたのです。直江状とは、上杉景勝の家老・直江兼続《なおえかねつぐ》（一五六〇～一六一九）が、徳川方の政治顧問のような立場にあった臨済宗の僧、西笑承兌《さいしょうじょうたい》（一五四八～一六〇八）に送ったとされる手紙です。当時、景勝は江戸から遠く離れた会津の地で、軍備の規模を強化しているのではないかという謀反《むほん》の疑いをかけられており、その疑いを晴らしたいならば即刻上洛して身の潔白を証明せよという家康の命令が出ていたものの、無視しつづけていました。

業《ごう》を煮やした家康は、伊奈昭綱《いなあきつな》（伊奈図書《ずしょ》　生没年不明）と河村長門《かわむらながと》（生没年不明）を問罪使《もんざいし》として（要するに、脅しをかけさせに）会津へ向かわせ、上洛勧告の手紙を渡します。しかし、それに対して兼続は「仕事が山積みで忙しくて」「こちらは雪国ですので、冬の間は移動もままなりませんし」「国のインフラ整備をしているだけで、軍備拡張などしていませんが?」「どうして謀反の疑いをかけられるのか、全く見当もつきませんなぁ」「誰かが勝手に邪推《じゃすい》しているだけでは?」「不調法《ぶちょうほう》な田舎者ですので、洒落た都会の水はどうも合わず、困ったもんです」とのらりくらりと上洛命令をかわした手紙(直江状)を返信として寄こしたのです。この直江状は、しかしながら、原本がいまだ発見されておらず、写本によって条文数が異なっていたり、文法の不自然さがあったりするため、後世の偽作、または改竄《かいざん》(字句の書き換え)によるものとも言われていますが、家康を激怒させるに足《た》るものであったのでしょう。写本の真偽はさておき、あの家康を相手に一歩も引かずやりあうとは、「さすが!」の一言に尽きます。

この、人を食ったような手紙に激怒した家康は会津征伐を決行。その隙をついて石田三成《いしだみつなり》(一五六〇〜一六〇〇)が挙兵、西軍の総大将に毛利輝元を担ぎだし、慶長五(一六〇〇)年、関ケ原で両軍は激突しました。結果は、家康を筆頭とする東軍が、三成らの西軍を破っての勝利。西軍の秀家・景勝・輝元は、五大老といえども、処罰を免《まぬが》れることはありませんでした。宇喜多家は改易《かいえき》(お家《いえ》取り潰《つぶ》し)となり、秀家は当時、鳥も通わぬ流刑地とされていた八丈島《はちじょうじま》[1]へ流されました。ついで、上杉家は会津一二〇万石から米沢(現山形県南部)三〇万石へ、さらに総大将であった毛利家は周防・長門(現山口県)の二ヶ国のみという、転封《てんぽう》(他所への移動)や減封《げんぽう》(領土の削減)となって弱体化しました。五大老の均衡は一気に崩れ去り、家康が実質的な覇権を握ることになったのです。こうして、豊臣家を凌《しの》ぐ家康の勢力に、諸大名は次々と呑まれていきます。

一方、捕縛された三成ですが、彼の処刑直前の逸話が残されています。のどの渇きをおぼえた三成が白湯《さゆ》をもとめるも、白湯がなかったため、干し柿を代わりに勧められました。しかし三成は、「夫《それ》は痰《たん》の毒なり。食す間敷《まじき》ものなり（柿は身体を冷やし、健康に良くありませんので、食べません）」と断ったため、周囲の者は「死ぬ直前に何を言っているんだ」と彼を嘲《あざけ》りました。それに対して三成は、「大義《たいぎ》を思ふ者は、仮令《たとい》首を刎《はね》らるゝ期《とき》迄も命を大切にして、何卒《なにとぞ》本意を達せんと思ふ（大義をもつ者は、かりに処刑される最期までも命を大切にして、本意を遂げようとするものです）」と言い、最期まで主君である豊臣家への忠義を尽くしたと伝えられています。これは、三成の功績を称《たた》えるために後世に作られた話[2]といわれていますが、当時は政情の潮目が一瞬にして変わるため三成が最期まで希望を捨てなかったからとも考えられます。

また、三成の死後、彼の居城・佐和山《さわやま》城を徳川方が略奪目的で乱入しましたが、日本全国にその名を轟《とどろ》かせた武将の居城としては粗末すぎる荒壁や板張りの床、植木のない庭、石を粗く削っただけの簡素な手水《ちょうず》鉢（手洗い用の水を溜めておく鉢）に、誰もが言葉を失ったといわれています。倹約を旨《むね》としていたためとも、仮住まいの城としか思っていなかったため

図1 かきの実
（撮影・栗原）

とも、さまざまな説がありますが、こちらも義の武将と呼ばれる三成にふさわしい逸話と言えるでしょう。

さて、三成が死の直前に食べるのを断ったという柿（図1）ですが、「柿が赤くなると医者が青くなる」と民間で言い伝えられているように、柿はビタミン類やミネラルが豊富で、東アジアの代表的な秋の味覚です。一方、東洋医学では、柿は「寒」性の果実、つまり体内の熱気を下げるものとされ、柿の蔕《へた》（柿蔕《してい》）を咳や喘息、しゃっくりの治療に用いてきました。三成は、この柿のやり取りのあと、お粥を食べたと伝えられていますので、「痰の毒」と言ったのも、もしかすると、三成はこのとき、胃腸を壊していたのかもしれませんね。また、時代は変わりますが、江戸時代中期、十八世紀末、柿は日本から遠く離れたイタリアへ紹介されました。そのため、イタリアでも柿をcachi《カキ》（またはkaki）と呼びます。なんだか、たのしくなりませんか。

秀吉の遺言どおり、慶長八（一六〇三）年、秀頼（一五九三～一六一五）のもとへ徳川秀忠《ひでただ》（一五七九～一六三二）と江姫《ごうひめ》（一五七三～一六二六）の娘・千姫《せんひめ》（一五九七～一六六六）が嫁ぎます。しかし、その後、秀頼が右大臣へと昇任したことで、家康の猜疑《さいぎ》心《しん》が芽生《めば》えはじめました。秀頼が力をつけて豊臣家の威光が戻るまえに、目障《めざわ》りな芽《め》は早めに摘んでおこう、と。そして執拗に粗探《あらさが》しをしたり、揚《あ》げ足《あし》を取ったりしたのです。なかでも有名なものが、京都・方広寺《ほうこうじ》の梵鐘《ぼんしょう》の銘文[3]への嫌疑です。方広寺は、焼損した奈良・東大寺に代わるものとして秀吉が造立《ぞうりゅう》をはじめた寺で、途中、造立中断をはさむも、九年の歳月をかけて文禄四（一五九五）年に完成しました。東大寺を模《も》したとはいえ、その大仏は東大寺のものよりも大きいものでした。しかし、完成翌年の慶長伏見地震で大仏は倒壊してしまいます。そこで、甲斐《かい》（現山梨県）にあった阿弥陀三尊像を遷《うつ》すも、秀吉が病に倒れたため、如来像は信濃《しなの》（現長野県）の善光寺《ぜんこうじ》へと戻されました。その後、秀頼が大仏造営を試みたものの、火災がおこり大仏殿もろともに焼失。慶長十八（一六一四）年になんとか再建し、家康の承認を得て開眼供養という矢先でした。梵鐘の銘文の一部に、「国家安康」「君臣豊楽」とあったことから、家康および徳川家の没落と、豊臣家の繁栄を願う呪詛《じゅそ》であるという、徳川方からの難癖がついたのです。

これを契機に、それまで燻《くす》ぶっていた豊臣方の怒りが爆発し、両者はついに真っ向から激突。世に名高い大坂の陣の火蓋が切って落とされました。結果、豊臣は滅び、徳川の権力が確固たるものとなったのです。

秀吉の死後、一人、また一人と家康の配下となっていった武将たち。しかし、こうした激動のなか、「秀頼を頼む」という主君の遺言に叛《そむ》いてまで家康側に与《くみ》することを善《よ》しとしなかった武将もいました。情勢の変化に呼応して、次々と徳川方に寝返っていくなか、最期まで豊臣家への忠義に生きた男たちがいたのです。関ヶ原で敗れた石田三成も義に生きたひとりですが、なかでも、家康が自身の配下にできなかったことを最後まで悔《く》やんだとされる人物が二人いました。関ケ原で散った大谷吉継《おおたによしつぐ》（一五五九?～一六〇〇）、そして、夏の大坂で散った木村重成《きむらしげなり》（一五九三?～一六一五）。義に生き、義に死んでいった二人。男として、また、武将として、友や主君への義を尽した男たちにとって、義とは一体、何を意味していたものだったのでしょうか。

この章では、義を重んじ、「サムライ」や「もののふ」の名称で世界中の人々を魅了しつづけている彼らの生きざまの香り・匂いについて、お話しします。

友への義

大谷吉継《おおたによしつぐ》4。彼は豊臣政権の奉行のひとりで、当時「業病《ごうびょう》」と呼ばれていたハンセン病を患《わずら》い、いつも全身に包帯を巻いていたことで知られています。

父は大谷良房《よしふさ》、母は秀吉の正室ねねの侍女・東殿と伝えられていますが、父母ともに諸説があり、出自は明らかではありません。立身の詳しい経緯は不明ですが、石田三成の仲立ちで秀吉に小姓として仕え、才覚を発揮し、越前敦賀《えちぜんつるが》城主にまで上《のぼ》りつめました。吉継は、家康の器《うつわ》の大きさや人望の厚さ、聡明さに敬服しており、家康と懇意にしていました。そのため、秀吉の死後、五大老のなかでもずば抜けて大きな権力を握っていた家康への反感が膨らんでいくなか、他の武将たちが打倒家康の叛旗《はんき》を翻《ひるがえ》すことをたしなめさえしていたのです。

しかし、吉継の恩人であり、かつ、親友でもあった三成は、吉継が再三忠告をするも打倒家康の意を曲げることはなく、三成のその固い決意に打たれた吉継は、ついに三成のために謀主となります。この報告を受けた家康は、誰よりも狼狽《ろうばい》したといわれています。

さて、この吉継が患《わずら》っていたとされるハンセン病ですが、古くから世界中でさまざまに記録に残されてきました。聖書にも登場することで知られている病《やまい》ですが、ハワイで隔離されていた患者を看護するなか、みずからも罹患《りかん》し、命を落としたダミアン神父[5]をご存知の方もいると思います。日本では仏教説話のなかに、彼らの姿が数多く描かれており、なかでも、第一章でお話しました「光明皇后の施浴伝説」は有名です。

いまでは、ハンセン病はらい菌（ハンセン菌）によっておこる感染症であり、皮膚や上気道、眼などの末梢神経が主に侵されることがわかっています。しかし、一八七三年にノルウェーの医師アルマウェル・ハンセン（一八四一～一九一二）によって、らい菌が発見されるまでのあいだ、原因も感染経路も不明であったことや、症状が悪化するとともに容貌が著しく変化してしまうことなどの理由で、ながらく蔑視の対象であったことは知られているとおりです。東洋医学では、二〇世紀半ばまで、東南アジア原産の落葉高木であるイイギリ科大楓《だいふう》子《し》の種子からとれるバター状の油（大楓子油）が、わずかに治療薬として使われていましたが、ハンセン菌を大楓子油で根治することはできず、また、日本には自生していない樹木であり、輸入に頼らなければならなかったため、湯治や灸が一般的な治療法だったのです。

吉継が生きた時代、ハンセン病は、前世や親の不行跡が原因の業病《ごうびょう》とされ、忌み嫌われた疾患でした。しかし、忌避される度合いが色濃くなっていったのは近世以降、いわゆる江戸の頃からであり、対照的に平安の頃では、患者は如来や菩薩の化身として信仰の対象でもあったといわれています。干ばつや冷害、地震などの天災に加えて、伝染病や権力闘争など不安定な情勢に末法思想が相俟《あいま》って、人々は社会的弱者である病者に米などの食糧をお布施として渡していたのです。仏教は一般民衆の生活にも根付き、ハンセン病患者を如来の化身として説いた仏教説話も数多くつくられました。しかし、武士が政治の表舞台に登場し、戦いの多い乱世になるにつれ、戦士としては身体的弱者であった彼らは敬遠され、江戸の頃になると歪《ゆが》んだ性的偏見に助長され、蔑視されるにいたったのです。吉継が生きた時代は、そんな偏見が社会で出始めたころでした。表面上の付き合いではなく、吉継を戦友として、仲間として、同等の立場で接した三成は、吉継にとって大きな存在だったに違いありません。

三成とともに関が原で戦った吉継は、数で勝《まさ》る東軍を相手に、知略をめぐらせて敵を翻弄《ほんろう》しました。そんな吉継と共に、三成を引きとどめようと奔走《ほんそう》した平塚為広《ひらつかためひろ》（生年不明～一六〇〇）は悪化する戦況を見て、その死の直前に、友である吉継のもとへ辞世の句を送っています。

名《な》の為に　捨《すつ》る命は　惜しからじ　終《つい》に留まらぬ　浮世と思へば

主君への忠義のために捨てる命なぞ惜しくはない、永遠に生きられるわけではないのだから。この句をみた吉継は深く感じ入り、冥途での再会を願って返歌を詠んでいます。

契《ちぎ》りあらば　六つの衢《ちまた》に　待てしばし　後《おく》れ先立つ　ことはありとも

死後でも縁があるならば、あの世の入り口（六道の衢）で待っていてくれ、君より少し遅れて、あるいは早めに到着するかもしれないけれど。ひたひたと一歩ずつ着実に死が迫る戦場で詠んだ二人の句には、固い友情で結ばれた二人のあいだでだけ通じるような洒落っ気、とでもいえばいいのでしょうか。その内容とは裏腹《うらはら》に、どこまでも澄みきった清々《すがすが》しい匂いが感じられます。

戦況はさらに悪化。小早川秀秋《ひであき》（秀吉の元養子、のちに小早川隆景の養子。一五八二〜一六〇二）の裏切りを知るや、吉継は敵陣の戦意を削《そ》がんと、精鋭を送りこみます。八千の軍勢に対して、わずか六百。多勢に無勢、結果は火を見るよりも明らかでしたが、吉継を慕い集《つど》った家臣らは、誰一人として異《い》を唱《とな》えることなく、果敢に敵地へ斬り込んでいったといいます。家臣らに進撃を命じた吉継と、与えられた任務を遂行した家臣たち。「命《いのち》は義《ぎ》に縁《よ》りて軽《かろ》し（義のためなら、たとえ命を捨てても惜しくはない）」とはいえ、どんな思いだったのでしょうか。彼らの胸中を思うと、目頭が熱くなります。

離反する武将が一人、また一人と増え、東軍に寝返る部隊、潰走《かいそう》する部隊も一つ、また一つと増える。もはやこれまでと覚悟を決めた吉継は、松尾山（秀秋が陣を布いていた場所）に向かって呪いをかけ、敵方に首を渡すまいと自害し、家臣にその首を隠させたと伝えられています。吉継自害の報は、西軍に大きな動揺を与え、西軍潰走に拍車をかけたともいわれています。最期《さいご》まで武将として生き、武将として関ヶ原に散った吉継の義の匂い。みなさんはどう感じられますか。

大坂夏の陣に散った伽羅

木村重成《きむらしげなり》。その最期に最高峰の沈香・伽羅《きゃら》の香りを身に纏《まと》った人物としても知られています。

父は木村重茲《しげこれ》（ほかの人物とする説もあります）、母は秀頼の乳母であった宮内卿局《くないきょうのつぼね》とされています。父・重茲は関白秀次《ひでつぐ》（秀吉の養子）に仕えており、主君を護《まも》るために自害していますが、この背後には、秀吉の側室・淀《よど》殿と手を組んだ石田三成の讒言《ざんげん》があったともされています。慶長十九（一六一四）年十二月、大坂冬の陣の和睦交渉のため、重成が大野《おおの》治《はる》長《なが》とともに西軍・豊臣方の使者として東軍・徳川方に和議の誓書を持参した際、錚々《そうそう》たる武将らを相手に一歩も引けを取らない重成の堂々とした様や、退室時の礼にかなった立ち居振る舞いに、徳川方から賞賛の声が上がっています。二心《ふたごころ》（主君に背《そむ》く裏切りの気持ち）を抱《いだ》くことはなく、秀頼のためにその身を捧げた重成の姿を家康が目にしたのは、まさに首《くび》検分《けんぶん》のときでした。

重成が家康から誓書を取ったという逸話（重成が実際に誓書を取ったのは、家康の息子で第二代将軍・秀忠からです）が残されているのも、敵である徳川方にも重成を賛美する記述が残されているのも、重成がまさに当時の「武士の美学」を貫いた人物だったからにほかなりません。彼は忍耐強く、部下を大切にする人物だったため、彼を慕うがゆえに西軍に与《くみ》した者もいたといわれています。また、身長が六尺（約一八〇センチメートル）で、現代の日本人男性の平均身長と比べてもかなり高く、大坂城きっての美丈夫《びじょうふ》（現代風に言うなら、「超スーパーイケメン」でしょうか）だったため、彼の死が伝わるや、彼の死を悼《いた》んで城中の女性が涙を流したとか。

彼が伽羅の香りを身に纏って大坂・若江《わかえ》の地に散ったことについては、さまざまな書に記録が残されています。元和元（一六一五）年五月五日、身体を洗い清めて、髪に香を焚き染《し》めると、謡曲『江口《えぐち》』の「紅花の春の朝」を謡い舞い、小鼓を打って、明日を最期と鼓舞した[6]ともいわれています。

当時、名のある武将を討ちとると、その証拠として首を掻《か》き切って陣地へ持ちかえりました。討ち取った武将の階級に応じて、褒美を賜るためです。また、敵方に運ばれた首は、城の女性たちが死に化粧をほどこし、死者への礼を尽くしたのでした。この例にならって、重成の首も持ちかえられました。井伊直孝《いいなおたか》（一五九〇〜一六五九）・藤堂高虎《とうどうたかとら》（一五五六〜一六三〇）の両軍と戦い、討ちとられた重成の首が家康の前にさしだされたとき、若き大将であった重成の首は、「髪に伽羅を留《とめ》しにや、その薫り甚《はなはだ》しかりしかば、其用意のほどを上下共に感歎す[7]（髪には伽羅が焚き染められており、その薫りがすばらしかったので、重成の最期の用意のよさを一同感嘆した）」と伝えられています。しかも、季節は旧暦の五月初旬、新暦でいえば六月中旬から下旬です。梅雨明け前後の大阪の気候をご存じの方でしたらおわかりになるでしょう、ジトジトと非常に蒸し暑く、食べ物は冷蔵庫に入れておかないとすぐに腐ってしまいます。日によっては、真夏のようにじりじりと太陽が照りつけるので、日陰に立っているだけでも、汗がだらだらと出てきます、空調の効いた涼しい部屋が大好きな現代っ子の乙女には、大変つらい季節です。そんな気候のなか、位のある武将たちは鎧《よろい》・冑《かぶと》で身を包み、戦っていました。もちろん、重成も大鎧に冑を被《かぶ》って、戦場へ赴《おもむ》いています。討死《うちじに》した当日の重成のいで立ちは、『難波戦記』巻十九「木村長門守討死の事」には次のように伝えられています。

金と銀の縅《おどし》毛《げ》で小札《こざね》を縅《おど》した大鎧《おおよろい》に、鋲頭《びょうがしら》が満天の星のように見える星冑と呼ばれる冑に鍬形の前立《まえだて》（冑の正面についている飾り）をつけていた。また、白色の母衣《ほろ》（矢除けの布製の武具）を肩にかけ、三間柄《さんげんえ》（約五・四メートル[8]の柄）の長さの鑓《やり》を馬の首の側面に添えて持っていた。黒色の太く逞《たくま》しい馬の背には、沃懸地《いかけじ》（美しい金銀の蒔絵）の鞍《くら》を置き、燃え立つような紅色の尻繫《しりがい》（馬の臀部《でんぶ》の飾り紐）を飾って乗っているその様子は、さすが名将と呼ぶに相応しく見えた。

金・銀に白・赤・黒と色彩豊かで、超ゴージャスなものでした。博物館のワークショップなどで冑を試着したことのある方はおわかりでしょう。あの重い冑を普通に被《かぶ》ると、その形状と重みで自然と目深《まぶか》に被ることになり、顔の半分以上が隠れます。ですが、このときの重成は数え年で二十歳ちょっとですので、若さという危《あや》うい勢いもあったでしょう。もしかしたら、冑を阿弥陀被《あみだかぶ》りしていたかもしれません。防御できる範囲は狭まるものの、やや後ろ下がりに被る（阿弥陀に被る）と、冑の下に顔がはっきりと丸見えになります。自分の顔をはっきり見せる、つまり、大将が敵に「逃げも隠れもしないから、かかって来い！」という、すこぶる男前な無言のアピールをすることになりますからね。
とはいえ、想像すらしたくない蒸れと暑さだったことは間違いありません。通常ならば、髪に香を焚き染めていたとはいえ、おそらく汗まみれ、泥まみれで、香りなど残ってはいないでしょう。冑は重く、ただ被っているだけでは脱げてしまうため、紐（これを「忍《しの》び緒《お》」と言います）で顎《あご》にしっかりと結《ゆわ》えていました。戦いという汗をかく状態に加えて、重たい冑を被ったまま、かつ、蒸し暑い気候という悪条件がそろっていたにもかかわらず、芳香が残っていたというのです。戦場で戦う武士が髪に香を焚き染める。武士の最期を飾るこの様式美について、家康が次のように語ったと、『駿河土産』巻十九「武道を嗜者《たしなむもの》戦場への覚悟可有《あるべし》との権現様《ごんげんさま》上意《じょうい》の事」の条に記されています。

権現様（家康様）の上意（ご命令）に、「武道を嗜む侍は、戦場へ赴くからには討死《うちじに》との心得《こころえ》が無ければいけない。白い歯が黄色くならないように心掛け、髪にも香を焚き染めるのがいい」というものがあり、この仰《おお》せを聞いたことのあるお供の者たちは、大坂冬の陣・夏の陣のとき、伽羅を少し持参していたが、香炉がなかったので、五月七日にも髪に香を焚き染めていた者は一人もいなかった。同じく上意として、「身分の低い武士であっても甲冑を支度するときは、胴・籠手《こて》など他の部分は粗末な作りにしても、冑だけはきちんと念入りに作るのがよい。その訳は、討死を遂げたとき、冑は首と一緒に敵の手に渡るものだからだ。だから、死後のためにもなる」とも仰《おっしゃ》っている。

右記は上意であるが、上田主水入道宗古斎《もんどにゅうどうそうこさい》が、「侍は戦場で討死を遂げて首になったときのことをいつも心に留めておくのがよい。そのためには、月代《さかやき》の後ろが下がっていると、首になったときに情けない顔になって見苦しいので後ろ高になるように剃るのがよい。剃刀《かみそり》を陣中にも持参して、明日は必ず一戦あると分かった日には月代を剃《そ》り、首をきれいにする心得が大切である」と語ったということだ。


戦いのないときは月代《さかやき》を伸ばして総髪《そうがみ》（今でいう「ポニーテール」です）にしていても、戦場へ赴くときには月代をきれいに剃り上げ、髪には香を焚き染める。究極なまでの様式美に拘《こだわ》る武士の生き方は、この世に思いを残さないために編み出されたのではないでしょうか。『難波戦記』など軍記物語の記述によると、重成は、首検分のために忍び緒を切らなければならないほど、解《ほど》けないように固く結んでいました。しかも、五月初めから食事をほとんど摂《と》っておらず、心配した妻が尋ねたところ、首を討ちとられたときに見苦しくないようにと答えたといいます。

最期まで、どう生きるか。これら軍記物語の内容は、無論、後世の創作とも考えられますが、死《し》に戦《いくさ》とわかっていながら戦いに臨《のぞ》み、死してなお武士としての誇りを保ちつづけていた重成に、家康一同はただただ感服したと伝えられています。

武士の義

しかし、重成が勝算のない戦いに臨《のぞ》んだ心境はどのようなものだったのでしょうか。戦況が逐次《ちくじ》報告され、体力・気力ともに衰えていたはずです。ともに豊臣家に仕えていた武将たちが一人、また一人と去っていくなか、弱腰になった味方を叱咤《しった》激励すらしています。また、冬の陣での功績に対して正宗《まさむね》（刀のこと）、脇差《わきざし》（小刀）と感状《かんじょう》（功績を称《たた》える賞状）を秀頼から直々《じきじき》に頂戴するのですが、これを涙ながらに返上しています。その際、返上する理由として次のように言ったと、『難波戦記』巻十六「秀頼公感状褒美を士卒《しそつ》に賜う、附、木村感状を辞するの事」に記されています。

――冬の陣での今福の戦いの件は、少しもわたくしの武勇ではございません。秀頼様から頂戴した軍と手前《てまえ》どもの部下たちが命を捨てて戦ってくれましたからこそ、勝利をおさめただけでございます。特に、大野修理亮《しゅりのすけ》や後藤又兵衛《またべえ》の七組の番頭らが粉骨砕身してくれましたので、今福《いまふく》・鴫野《しぎの》の両所で勝利したのです。どうしてわたくし一人がその名誉に与《あずか》れましょう。また、御感状はこの重成には無用のものでございます。今回は、脇差も御感状も御宝蔵にお戻しください。しかしながら、わたくしは二君《にくん》に仕えるつもりはございません（わたくしの主君は生涯、秀頼様だけでございます）。感状というものは、他の主君に仕えるときに戦功を明らかにし、武士の面目《めんぼく》とするときに必要になるものでしょう。ですが、そのようなことは考えておりません。秀頼様の御運が開かれたならば、わたくしも共に武運に栄え、御感状など必要ではございません。もし御運が尽き果ててしまい、早世《そうせい》あそばされるときは、わたくしも冥途《めいど》・黄泉《よみ》までもお供をすべき者ゆえ、ひょっとすると閻魔大王の裁きの際にお見せするぐらいでしょうか。ですから、事前に頂戴することなどございません。

何があっても、いついつまでも主君に仕える。忠臣の鑑《かがみ》のような人物ですが、主君への忠義とはいえ、いったい何が重成をそこまでさせたのでしょうか。

普段の重成は物腰が柔らかく、人と争うことがなく、若年《じゃくねん》ゆえに武功もなかったため軟弱者、何の用にも立たない男と侮《あなど》られていました。あるとき、重成を侮った茶坊主が彼の烏帽子《えぼし》を扇で叩き落とすという、大胆な挑発をしました。普通の武士ならば下の身分の者からそのような無礼を働かれれば、怒りにまかせて茶坊主を切り捨てるのですが、重成は違いました。「士の法にしては、汝は打捨《うちすて》にすべきものなれども、汝を殺せばわれもまた死す。我は一大事あらん時の用に立てと思ふなれば、汝ごときにかゆべき命をもたず、さる故に見すて置《おく》ぞ。[9]（武士ならばお前を討ちすてるのが作法だが、そうなれば、戦場以外で人を殺《あや》めたという理由で、私も死を賜ることになる。この命はお家の一大事に役立てたいと思っており、お前ごときに使う代用の命は持っていないので、構《かま》う気はない）」と笑って立ち去り、歯牙《しが》にもかけませんでした。まわりにいた者は面白くなかったのでしょう、重成を臆病だとますます誹《そし》ったといいます。

しかし、大坂冬の陣、今福の戦いで、重成はついに本領を発揮します。徳川方の佐竹義宣《さたけよしのぶ》（一五七〇～一六三三）と上杉景勝の二将が率いる軍隊が大和川《やまと》（現・寝屋川《ねや》）を挟んだ両岸から、大坂城へ向かっていました。義宣は北岸の今福《いまふく》を、景勝は南岸の鴫野《しぎの》を落とすべく、それぞれ千五百、五千の軍勢でした。義宣の軍勢が次々と柵（要塞《ようさい》のこと）を突破し、大坂城へと向かってきているという報告を耳にするや、重成は家臣を集めて義宣軍への反撃に馬を走らせました。じりじりと義宣軍を押しもどし、後藤基次《もとつぐ》（通称「又兵衛《またべえ》」、一五六〇～一六一五）の援軍に勢いを得た重成らは、義宣軍の先鋒隊を潰走させます。しかし、義宣が対岸の景勝に援軍を求め、対岸からの鉄砲隊による一斉攻撃を受けたことで、重成、基次らは大坂城へと退散しました。

そして、翌年夏の陣、若江《わかえ》の戦いで藤堂高虎（一五五六〜一六三〇）の軍を奇襲作戦で破ったものの、陣を立て直すことなく井伊直孝《いいなおたか》（一五九〇〜一六五九）の軍とぶつかり、ついに重成はその首を討ちとられました。平時《へいじ》はたとえ軟弱者と謗《そし》られようと、冷静沈着に事《こと》を荒立てることなく鍛錬し、大事《だいじ》になれば主君のために本分を全《まっと》うする。重成を近くでみてきた基次は、重成の武士としての心得に、強く心を揺さぶられたといいます。

主君への忠義を失うことなく、大事《だいじ》のために平時《へいじ》を過ごす。武士として有終の美を飾るべく、断食をし、髪に香を焚き染め、冑の忍び緒を解《ほど》けないように固く結んで出陣し、伽羅の香りのなかで散った重成。武士としての美学をひたすらに追い求め、体現するためだけに駆けぬけた彼の想いを知っているのは、伽羅ただそれのみ。重成を抱きしめた伽羅がどんな香りだったのか。重成をはじめ、あまたの人々の想いを受けとめながら、伽羅は今日もどこかでやさしく香りつづけています。

最高級の沈香であり、今なお人々の心を掴《つか》んでやまない伽羅。戦いが終わり、江戸の世となると、香道の流行と相俟《あいま》って香木はより身近なものとなり、なかでも伽羅は人々のあいだで広く愛される香りとなりました。西洋の力強い香水が登場するまでの約二世紀ものあいだ、香木の香りが江戸の世をやわらかい香りの層で、何層にも包みこんでいたのです。

1 現在の東京都八丈町、伊豆諸島の八丈島は、秀家以降、江戸時代を通して流刑地とされていた。「鳥も通わぬ八丈島」と呼ばれていたが、これは島のまわりは黒潮の影響で潮流が速く、当時の木造船舶では本州と島との通行が困難だったことに由来する。また、八丈島にはイネ科のコブナグサ（八丈刈安《かりやす》）が自生しており、これで染色した黄色の縞・格子模様の絹織物は、八丈絹や丹後、のちには黄八丈《きはちじょう》と呼ばれた。この八丈絹は文楽「恋娘昔八丈」で使用されたことから、江戸後期には一大人気を博した織物となった。

2 本書では、『明良洪範』巻九の記載を引用した。

3 大仏および待仏殿は、寛政十（一七九八）年の落雷で焼失したが、昭和四十三（一九六八）年、この梵鐘は重要文化財に指定された。現在、奈良・東大寺、京都・知恩院の釣鐘とならんで、日本三大梵鐘と呼ばれている。

4 関ヶ原の合戦の前に「吉隆《よしたか》」から「吉継《よしつぐ》」に改名している。

5　数々の医師に見放されたダミアン神父（一八四〇〜一八八九）への治療に尽力したのは、父子で漢方医の立場からハンセン病治療を研究していた日本人医師の後藤昌直（一八五七〜一九〇八）である。

6　真田増誉『明良洪範』巻三、成立年不詳。

7　『台徳院殿御実紀』巻三十六。このほか、木村重成の首検分についての記載は、軍記物語などにも残されており、「家康公、木村がくびを実撿あるに、彼首の出るといなや、ただ今そらたきをするごとく伽羅の匂ひことことしくあたりにみつる。家康公、御覧有て、其世倅いつの間に左様には心付たりと仰られて御ほめなされたるとなり」（松田秀任『武者物語』巻中、一六五四年）や、「長門守が首甚薫しけれは若輩なる木村か如此行跡希代の勇士也、不便の次第也」（万年頼高・二階堂行憲『難波戦記』巻十九「木村長門守討死の事」、一六七二年）、「神君御覧有りて甲とを取寄て忍びの緒の端しを御覧有つて、討死を極はめ覚悟したる心ばせは天晴なる勇士なりしと御感心浅からずと宣もふ。其時、木村が髪をすき香を焚きし女、後年江戸へ来り木原意運と云外科の医師の伯母にて有りしが、老後此事を常に語りけるとかや」（『明良洪範』巻三）などと描かれている。

8　一間は六尺（約一八二センチメートル）。

9　松崎観瀾『窓の須佐美』巻一、享保年間（一七一六〜一七三六）。

八、理想の香り——伽羅、そしてヘリオトロープ

香道——教養としての香り

野心《やしん》を剥《む》き出しにして、所構《ところかま》わず刃《やいば》と刃を重ねあっていた反動でしょうか。そんなサムライの世界の裏には、時間が止まったような世界が存在していました。争いという辛《つら》く物憂《ものう》げな状況をありのままに受け止め、あえて色彩を否定したなかで生きていくことを選んだ人々は、世界に類《るい》を見ない「侘《わ》び」「寂《さ》び」という独自の美意識と文化を確立させていきました。色彩も生命もすべてが枯れゆくなかで自然と醸《かも》しだされる美しさを感じ、心を満たす考え方、いわば閑寂清澄《かんじゃくせいちょう》な世界や枯淡《こたん》の境地における趣《おもむ》きを追及する理念です。自分の思い通りにならない世界を否定するのでも誰かを傷つけるのでもなく、そこに生きている自分自身を含め、すべてをあるがままに受け入れる。そうすることで、密《ひそ》やかな美しさや幸せが際立《きわだ》ち、充足感を得られるようになる。侘び、寂びは、不足を感じて渇望し、高《たか》みばかりを求めて強欲《ごうよく》に生きることに疑念を抱《いだ》き、疲れた人々を中心に再評価され、この二十一世紀の現在でも世界中で称賛されています。

「もののあはれ」の精神を引き継ぐ侘び、寂びは、時間や欲に追われ、物質中心の生活をしている私たちに、たまには立ち止まって周囲を見回してみる心の余裕を持つように、と警鐘を鳴らしているからなのでしょうか、誰もがその理念に心を強く揺さぶられます。数年前から、巷《ちまた》で話題になっているヒュッゲ（hygge　デンマークの概念で、「満足感や幸せを生みだす居心地の良さや快適な陽気さ」を意味し、物質的な満足度ではなく、精神的な満足度を重視する考え方です。雪に閉じ込められる北欧の長い冬を快適に過ごすための知恵であり、「現代の侘び、寂び」と言われています）に、よく通じていますね。

侘び、寂びは、茶道によく代表されるものですが、もちろん、香りの世界にも存在しています。茶道、華道と同じく室町の頃にできた香道は、ある意味でこの侘び、寂びを究極の形に進化させたものともいえるでしょう。嗅覚を研ぎ澄ませて香木の五味《ごみ》（辛・甘・酸・鹹・苦）を聞きとる。視覚も聴覚も触覚も味覚も、そのどれをも封印して、ただ嗅覚だけで香りを聞く。なかでも、二種類以上の香を聞きわけ、その異同を当てる組香《くみこう》は、心の安定や充足なくしてはできない遊びです。茶道や華道、書道などとは異なり、香道は稽古事でありながらゲーム性があるという点で、初心者でもたのしんで取り組みやすいものであると同時に、だからこそ奥が深く、師から奥義《おうぎ》を授かる奥伝《おくでん》までに数十年かかるのです。

サムライたちが愛した香道は、江戸の頃になると、武士階級はもちろんのことながら、公家や裕福な商家に生まれた男性にとって、茶道と並んで大切な教養の一つになりました。徳川将軍家を頂点に、立法・司法・行政の三権システムが成り立ち、国家として安定していくとともに、経済も発展していった時代だったからこそ、香道のように時間をかけて身につけていく教養が、人々に受け入れられていったのでしょう。

宣教師が見た香文化

第六章「バサラの誕生」でもお話したように、貿易が盛んになり、香木の輸入量が格段に増えると、権力者たちは挙《こぞ》って香木に名を付けていきました。このような命銘の流行や、香木を持つ人の増加もあったからでしょうか、香道は広まっていきました。当時の宣教師たちも辞書や仲間への手紙のなかに、日本人の香木好きについて触れています。一六〇三年に日本イエズス会によって刊行（補遺は翌一六〇四年）された『日葡辞書（VOCABVLARIO DA LINGO A DE IAPAM com a declaração em Portugues）』には、香に関する項目として、「Biacudan（白檀）」「Cayexi（返し）」「Cŏ（香）」「Cŏbaco（香合）」「Guin（銀〔銀葉〕）」「Gin（沈）」「Gincŏ（沈香）」「Ginsui（沈水、芳香のある水）」「Iixxugŏ（十種香・十炷香）」「Nencŏ（拈

香）」「Qiara（伽羅）」などが挙げられており、例文には、

「Cayexi（返し）」　沈の返し　すでに燃えきって、よい匂いもしなくなったあとの沈香の木片の炭

「Cŏ（香）」　香を炷《た》く　芳香を放ち薫るように沈香を焚《た》く

香をとむる　沈香を薫らせる。または着物に薫りをつける

香を聞く　香炉で焚く沈香や伽羅などの香を嗅いで、その香の品質を見る。すなわち、鑑定する

「Gin（沈）」　沈を炷《た》く　芳香を放つように沈香を火にくべる

沈をとむる　沈香で身に薫りをつける。または着物に薫りをつける

「Nencŏ（拈香）」　香を拈《ひね》る　仏の前に香を焚く。仏の前に香を供えること[1]

と書かれています。これらの例文からも、人々が古代より変わらず、みほとけに香を供え、薫衣香《くのえこう》や空薫物《そらたきもの》をし、そして香の品質を見る、つまり、香道を嗜《たしな》んでいたことが読みとれます。また、『日本史』や『日欧文化比較』[2]などを著したことでも知られているイエズス会の司祭ルイス・フロイス（一五三二〜一五九七）は、同じくイエズス会の司祭アレッサンド

ロ・ヴァリニャーノ（一五三九～一六〇六）に宛《あ》てた書簡のなかで、次のように述べています。

日本に於《おい》ては、土着の人も異郷の人も、又、宗教家も俗人も、一般に大身《だいじん》を訪問せんとする時は必ず、何か物品を持参する習慣にして……（中略）……何となれば、若《も》し之《これ》を持参せざれば、礼儀に反するのみならず、彼らの許《もと》に到ることを得《え》ざればなり。……（中略）……彼らが珍重する好き物にして、今、予《よ》が思ひ当《あた》れるは……（中略）……上等の伽羅又は沈香……[3]

（日本では、日本人も外国人も、宗教関係者も普通の人も、身分のある人を訪問するときは必ず、何か手土産を持っていく習慣があり……もし手土産を持参しなければ、マナー違反になるだけでなく、会うことすらできない。……日本人が喜ぶものとして例を挙げると……上等の伽羅や沈香……）

当時は、身分のある人に会うためには献上品が必要だったようですが、今と変わらず、人々は手土産を片手に誰かを訪ねていたのですね。時代遅れだの、賄賂だのと批判されることの多い習慣ではありますが、献上品を持参するのは、円滑に物事を進め、相手にとって記憶しやすい自己紹介を兼ねていた先人の知恵であり、それこそ洋の東西を問わず、現在でも世界中にある習慣です。モノであったり、情報であったり、献上品の形もさまざまです。マイナス面だけを論《あげつら》うよりも、少々楽観的すぎるかもしれませんが、相手のことを思い浮かべながら、何を贈ろうか、喜んでくれるだろうかとたのしむプラス面に焦点をあてるほうが建設的だと思われませんか。とはいえ、何にしようか、贈り物を探すときは、確かに悩みますね。

薬種屋の砂糖漬《さとうづけ》

また、フロイスの書簡にある、日本で喜ばれる手土産品リストのなかには、伽羅や沈香といった香木と並んで、さまざまなものが列挙されています。砂時計や眼鏡、羅紗《らしゃ》（毛織物）や絨毯、キリスト教関連の聖画像やロザリオなど、当時の日本にとって「舶来品《インポート》」そのものもあれば、現代の私たちにとって懐かしいものも入っています。それは「砂糖漬《さとうづけ》」と「金平糖《こんぺいとう》」です。現代のように甘味料や保存料が豊富ではない当時、しかも、砂糖は他の品種と同様、高級な輸入品でしたので、砂糖をたっぷり使って作られた砂糖漬や金平糖は、ほんのごく限られた特権階級の人々だけが口にできた極上の味。サトウキビ栽培や和三盆《わさんぼん》（日本の伝統的製法で作られる上質の砂糖。和菓子の必須材料）の開発などが進んだおかげで、わが国では十九世紀になると国内での消費量を自国での生産量でほぼ賄《まかな》えるようにはなりましたが、それまでは砂糖をたっぷりと使ったお菓子は、庶民には高嶺の花だったのです。これは、日本に限らず、他の国でも同じでした。しかも、日本と違って、自国で砂糖が生産できない欧州では、砂糖が庶民の手に届くようになるのは、さらに数十年も経った十九世紀末でした。ご存知の方もいるかもしれませんが、砂糖が使用されるようになってからの欧州（特に十六世紀以降）では、貴族は歯ブラシ変わりの爪楊枝《つまようじ》（金属製のものから、ステキな象牙製や鼈甲《べっこう》製のものまでありました！）をジュエリーのように持ち歩いていました。しかも、あの嫌な虫歯は、なんと、ステイタスシンボルでもあったのです。「虫歯になった」ということは、「甘いものを食べた」→「砂糖が入っている食べ物を食べた」→「『超』がつく高級品」→「本物のお金持ち」という構図が成り立つからでした。「所《ところ》変われば品《しな》変わる」ですね。

柑橘類の種類が豊富な日本では、四国や九州を中心に果物の砂糖漬がありますので、みなさんも一度は口にされたことがあるのではないでしょうか。お茶請けとして口にしたことのある方もいらっしゃるでしょうし、砂糖漬を食材として使う方もいらっしゃるでしょう。今では、調味料（甘味料）や保存料として日常生活に欠かせない砂糖ですが、疾病治療にも使われていました（「砂糖」ではなく「ブドウ糖」といえば、薬として使用されていたことも納得できますよね）。つまり、「薬種」というカテゴリーにも分類されていたため、江戸の頃は砂糖は砂糖問屋だけではなく、薬種業の店舗に植物や動物、鉱物などに由来する生薬とともに、輸入砂糖や砂糖漬も並んでいたのです。江戸の頃の東海道沿いの街並みや人々の暮らしを描いた、十返舎一九《じっぺんしゃいっく》（一七六五～一八三一）の滑稽本《こっけいぼん》の大ベストセラー『東海道中《とうかいどうちゅう》膝栗毛《ひざくりげ》』第八編「大坂見物」（一八〇九年初刷）には、主人公の弥次郎兵衛《やじろべえ》と喜多八《きたはち》の二人が大坂・浪花《なにわ》や住吉《すみよし》を舞台に珍道中を繰り広げる様子が描かれていますが、同編上巻に、砂糖漬の記述があります。

丹波「こゝにゑいものがありよる」トらしろのやなぎごりをあけて、ちいさなまげものをとり出し、「サア〳〵コリヤ道修町《どしょうまち》の店《たな》で貰《もら》ふてきよつたさとう漬じや。茶の子ひとつやらつしやれ」北八「コリヤありがてへ。弥次さんどふだ。たんとやらかしねへ」
（相部屋《あいべや》の丹波《たんば》出身者が「いいもの持ってますよ」と背後に置いていた柳行李《やなぎごうり》（当時の旅行用トランク）をあけて、小さな器を取りだした。「さあ、これは道修町の店で買ってきた砂糖漬です。お茶請けにどうぞ」すると北八は「これはありがたい。おい、弥次さん、どうだ。たくさん頂戴しよう」）

このやり取りを見ても、江戸の頃は国内産・国外産を問わず、すべての薬種の品質鑑定を担《にな》っていた道修町《どしょうまち》（現在の大阪市中央区道修町）の薬種屋では、砂糖漬が販売されていたこと、そして弥次・喜多の喜びようから、砂糖漬は大人も喜ぶ、上等なお菓子だったことがわかります。大阪では「とめの祭」（一年の最後の祭り）と呼ばれている十一月二十二、二十三日の神農祭《しんのう》では、今でも、道修町にたくさんの屋台が並びますが、その中に必ず砂糖漬のお店があります。生姜《しょうが》や豆類など、ほっとする昔懐かしい味の砂糖漬です。

一方、つぶつぶの毬《いが》がたくさんついた可愛い金平糖《こんぺいとう》は、ご存知のように、有平糖《あるへいとう》（キャンディ）やカステラと同じくポルトガル由来のお菓子で、ポルトガル語の「confeito《コンフェイト》」から転じた砂糖菓子で、サムライたちのなかにも愛好者がいたそうです。かく言う私も、金平糖やカステラはもちろん、沖縄・那覇の銘菓の砂糖漬「橘餅《きっぱん》」が大好きです。口に一切《ひとき》れ含んだ瞬間、閉《し》めていたカーテンをサッと開《あ》けるような、爽やかな柑橘系の香りが喉から鼻に貫《ぬ》けます。砂糖は保存料の役目も果《は》たしますので、甘みと一緒に、みずみずしい果実の新鮮な香りも閉じ込めます。昔の人々も、砂糖漬を味わいながら、果物の香りもたのしんでいたのでしょうね。

最高級の沈香「伽羅」

さて、話を香木に戻しますが、やはり香木は無限のものではなく、どんな種類であれ、高級な輸入品。おいそれと誰も彼もが手に入《い》れられるものではなかったので、香道の稽古をしているということは社会的地位の高さの証《あかし》でもありました。そのため、香木よりも安価で入手しやすく、伽羅・沈香や白檀、丁子などを原料として作る線香も人々に好まれ、各地で生産されました。なかでも、和包丁のまちとしても知られている大阪府堺市は、日本最古の線香製造地として、現在もすてきな香りの線香を世に送り出しています。

また、禅・臨済宗の僧、一休宗純《いっきゅうそうじゅん》（一三九四～一四八一。橋のたもとの「このはし渡るべからず」の立て札を読んで、「では、端《はし》がダメなら、真ん中を渡ろう！」と渡ったことでお馴染《なじ》みの、あの一休さんです）が紹介した中国・北宋の詩人、黄山谷《こうさんこく》（山谷は黄庭堅《こうていけん》の号。一〇四五～一一〇五）が書いた香についての詩は、現在も香道の基本理念とされています。その内容から、女性以上に男性が香道の稽古に励んだのだと思われます。その詩「香十徳《こうのじっとく》」は、十種類の香の教えと効能を、次のように記しています。

感格鬼神（感は鬼神に格《いた》り）
清浄心身（心身を清浄にす）
能除汚穢（よく汚穢《おわい》を除き）
能覚睡眠（よく睡眠を覚ます）
静中成友（静中に友と成り）
塵裏偸閑（塵裏《じんり》に閑《ひま》を偸《ぬす》む）
多而不厭（多くしても厭《いと》わず）
寡而為足（寡《すくな》くしても足《た》れり）
久蔵不朽（久しく蔵《たく》えども朽《く》ちず）
常用無障（常に用うれど障《さわり》無し）

香は、超人的なまでに感覚を研ぎ澄まし、心身を清らかにする。汚穢を取り除き、眠気を覚ます。寂しさを癒《いや》し、忙しい最中でも安《やす》らげる。香はたくさん持っていても邪魔になるものではなく、また反対に手持ちが少ないとしても十分たのしめるものである。さらに、長期間保存してもその効能が衰えることはなく、常用しても何ら問題はない。こんな効能が、禅の枯淡閑寂の精神と相俟《あいま》って、人々に受け入れられたのでしょう。

香りを極《きわ》める香道が教養となり、それと同時に芸術と呼ぶにふさわしい香合《こうごう》（香木や練香などを入れる入れ物）が次々と制作された江戸の頃、いわゆる「日本髪」や現代の「きもの」の基礎となった小袖が広まり、各地でさまざまな文化が栄えていきました。私たちが「日本文化」や「和」と考えているもののほとんどが、この時期に大成されたものです。この頃の日本は、世界でも稀《まれ》に見る高い文化教育水準でした。

確かに、現代のような、病的とまで揶揄《やゆ》される清潔さこそはありませんでしたが、同時代の他国と比べて、識字率の高さもさることながら、お師匠様と呼ばれる稽古事の先生が数多く存在し、地域の祭りが機能を果たしていたこともあり、舞・踊りや唄、三味線や琴、笛などを嗜《たしな》む人も多かったのです。そして、地域の人々による浄瑠璃や歌舞伎、文楽（人形浄瑠璃）、落語など興行も盛んであり、その内容も日中の古典文学や四書五経《ししょごきょう》（中国の儒教の経典）を踏まえてはじめてその面白さがわかるというものでした。また、日本数学「和算《わさん》」が発達し、社寺には和算の問題と解法を記した絵馬「算学《さんがく》」が奉納され、庶民が娯楽として数学をたのしんでいたのです。日常生活における娯楽や稽古事が、江戸の頃の日本を発展させたといっても過言ではないでしょう。興行や稽古事をとおして教養を培《つちか》い、娯楽や嗜みとしての和算や古典が日常に溶け込んでいたのです。

武家に公家、裕福な商家と、男性を中心に嗜《たしな》まれた香道ですが、もちろん、女性も嗜んでいました。とりわけ、太夫《たゆう》や花魁《おいらん》と呼ばれた位の高い女郎たちが愛した香りは、「伽羅《きゃら》」と呼ばれる最高級の沈香でした。第一章「沈水香の漂着」でお話したとおり、沈香ですら希少品かつ高級品、しかも今も昔も流通量はごくわずか。その沈香のなかでも、樹脂の量が多く、薫り高いものが伽羅ですので、金《きん》と同等に高値で取引されていたことは、容易にご想像いただけると思います。そのため、自然と「すばらしいもの」や「貴重なもの」、「高級なもの」、そして「お金」そのものまでも、隠語として「伽羅」と呼ぶようになっていきました。伽羅の香り、伽羅の文、伽羅の人、伽羅の春、伽羅の油……「姿こそは鄙《ひな》びたれ、心は伽羅にて候[4]（身なりこそは無粋《ぶすい》かもしれませんが、心構えは誰にも負けません）」、「伽羅なくて事をかき申間、伽羅少《すこし》御こし[5]（伽羅＝お金が無くて困っているんです、伽羅を少々いただけませんか）」などなど。私も「心はいつも伽羅」のつもりですが、伽羅に事欠《ことか》かない日を夢見て、宝くじ売り場で夢を買っております。

伽羅の油

さて、みなさんは毎朝、どうやって髪を整えていらっしゃいますか。櫛やブラシで梳《と》くだけですか。それとも、ドライヤーやヘアアイロン、スプレー、ワックス、ヘアオイルなどを使って、毛先を遊ばせたり、固めたりされていますか。当時の人々が髪を整える（結髪《けっぱつ》する）際に使っていたのは、櫛はもちろんのこと、「伽羅の油」と呼ばれる鬢付油《びんづけあぶら》でした。「伽羅」という語が入っていますが、実際には原料ではなく、これも「芳香のある」「最高級の」という意味でした。伽羅の油は、光沢のあるきれいな日本髪を結いあげるための必須アイテムで、今でいうところのポマードのようなものです。

ポマードといえば、独特の甘ったるい「ザ・親父の匂い」という香り付きでしたので、苦手だった方も多いのではないでしょうか。二十代の方はご存知ないかもしれませんが、一昔前の政治家の写真をインターネットで検索してみてください。みなさん、コッテコテで、テッカテカな髪型をされているでしょ？　あの独特のテカリを与えつつ、一糸乱れぬ髪型にしていた整髪料がポマードです。その伽羅の油ですが、製法には数種類あり、そのなかの一つが江戸時代の中期、正徳二（一七〇六）年に出版された『女中道しるべ』巻二「第二十一伽羅油の方の事」に掲載されています。

太白唐蝋〔十両〕[6]、胡麻油〔冬は一合五匁《もんめ》、夏は一合〕、丁子〔一両〕、白檀〔一両〕、山梔子〔二匁〕、甘松〔一両〕
右四色のくすりをあぶらに入れ、火をゆるくして練る。二日目に蝋をけずりて入れ、火をつよくして、くろいろになるほどに練つむる。こげくさくなるとも、湯せんのとき、そのにおいはのくなり。よくいろつきたるときあげえさまし、竜脳〔二匁〕、麝香〔三匁〕いれてよくよくまぜあわす。
（右記の丁子・白檀・山梔子・甘松の四種の薬種を胡麻油のなかに入れ、とろ火にかけて練る。二日目に蝋を削って入れ、強火にかけて黒色になるまで練る。焦げ臭くなっても、湯煎すればその焦げ臭さは消えてなくなる。よく色付いたら火から下ろして冷ます。竜脳と麝香を入れて、よく混ぜ合わせる）

丁子や白檀、甘松、竜脳、麝香と、香りのよいものがたくさん入っていますので、現代のポマードとは少し違って、あたたかく甘いなかに、爽やかな清涼感のある香りだったと思われます。伽羅の油は、『本朝世事談綺』巻二「器用門」伽羅油の項によると、正保・慶安（一六四四〜一六五二）の頃に、京都は室町に住む髭の久吉という人物が、胡麻油に白檀や丁子などをあわせた香り高い鬢付油を売ったのが最初で、その後、三条の五十嵐、江戸は芝の大好庵背虫喜左衛門が続いたとあります。

　しかし、ご覧のとおり、伽羅の油の材料をよくよく見てみると、生薬として使われているものばかり。そうです、薬種屋に行けばすべて手に入るもので作られていました。伽羅の油は薬種屋、または香具屋でも購入できたことが『歴世女装考』[7]巻四前篇「塗鬢《びんづけ》膏《あぶら》の沿革」の項などに記されています。また、全国のあらゆる業種の店舗と住所、氏名について記された『難波《なにわ》雀《すずめ》』[8]や『万《よろず》買物調方記』[9]（どちらも、江戸時代版の「タウンページ」です）などからも、各地に伽羅の油を販売する店舗があったことがわかります。さらに伽羅の油は、白《おし》粉《ろい》を塗る際の下地《したじ》としたり、生薬を材料にしていることから、しもやけ治療にも使用されたりしていたことが知られています。骨格別・身長別のメイクアップ・ファッションアドバイスと、マナーブックが一冊になった、当時のおしゃれ女子のバイブル『都風俗《みやこふうぞく》化粧伝《けわいでん》』巻中「第二　手足の部」[10]には、次のように書かれています。

○霜やけを治する伝

里芋

土のまま黒焼きにして、これを粉にし、伽羅の油にてとき、つくべし。奇妙に治する。

（しもやけをなおす方法　里芋を土付きのまま、黒焼きにして、粉にする。それを伽羅の油で溶き、患部に塗る。不思議と治る）

軟膏代わりに伽羅の油を使用したようですが、真っ黒になるまで焼いた里芋を粉状にし、香り高い伽羅の油で溶く。患部をラップするようにこの薬を塗って治療したようです。火傷やしもやけになったら蜂蜜で患部をラップするという治療法が世界各国にありますので、この里芋軟膏も効果はあったのでしょう。なんだか食べられそうな軟膏ですね。

花の露

さきほど挙げた『日葡辞書』には、「沈水（沈香）」と「芳香のある水」という二つの意味を持つ「Ginsui」という項目がありましたが、後者は現在の化粧水だったと考えられます。

初期の頃のものは、油が入っていたようですが、いつしか油が入っていない、香りつきの化粧水となったようです。江戸の頃、バラの蒸留水である「バラ水」（化粧水）や香水も少量ながらも定期的に輸入されていましたが、『都風俗化粧伝』をはじめ、『譚海』、『女中道しるべ』などに、蘭引《らんびき》（陶器でできた蒸留装置）を使った花の露（化粧水）の作り方が載せられていることから、輸入物ではない、今でいう「手作りコスメ」の化粧水も流行していたことがわかります。この蘭引ですが、第六章「同時代の世界の激動」で少しお話したように、もとはアラビアで作られたアランビック（冷却式蒸留器）です。これが日本に輸入され、「蘭引」と漢字で表記されるようになり、日本人の器用さゆえか、銅だけではなく、陶器など（大きさも、二リットルのペットボトル程度のコンパクトサイズ）でも国産化され、一般の人々の手にも入るようになったのです。蒸留装置というと、なんだか仰々《ぎょうぎょう》しい響きですが、小学校や中学校の理科の実験で、エタノールの蒸留実験をされませんでしたか。エタノールと水の混合液の入った枝付きフラスコをバーナーで温めると、沸騰して蒸気となったエタノールがゴム管を通って、水で冷やしている試験管に溜まるという実験です。あのとき使ったフラスコやらゴム管やらビーカーやらを一台でこなすのが、蘭引です。ちょっとステキでしょ？

さて、その花の露ですが、『都風俗化粧伝』巻下「第七　身嗜之部《みだしなみ》」には、蘭引を使う方法と、やかんを使う方法の二種類（しかも、挿し絵付き！）が載せられています。少しだけご紹介しましょう。

○花の露の伝

この香薬水は、化粧してのち、はけにて少しばかり面《おもて》へぬれば、光沢《つや》を出だし、香《にお》いをよくし、きめを細かにし、顔の腫物《できもの》をいやす。

（花の露について　この化粧水は、化粧してから刷毛で少し顔に塗れば、艶が出て、良い香りがし、肌理《きめ》を細かくし、ニキビも治す）

○花の露とりよう

いばらのはな

この花をつみとり、らん引にかくる。かくのごとき器也。中に湯を入れてわかし、その上へかの花をいれ、その湯気、上の器にたまり、口より露出《い》ずるを茶碗にうけて取る也。さて、この露を除け、丁子、片脳、白檀をらん引にかけ、この香具の香いをとり、いばらの花の露に少し入れて用ゆる也。

（花の露の作り方　いばらの花を摘み、蘭引にかける。図のような機器である。蘭引に湯を入れて火にかけ、その上にいばらの花を入れる。その湯気が蘭引の上部に溜まり、注ぎ口から出てくる露を茶碗で受けて取る。さて、このできあがった露を横に置いておき、丁子・片脳・白檀を蘭引

にかけて、これらの香りを抽出し、それを露に少し入れて使う）

○らん引を用いずして花の露をとるには
薬鑵《やかん》に水を入れ、上の蓋をあおのけにして、その真ん中の高き所へ花をのせ、大きなる茶わんをその上へふせおき、炭火にかけ、薬鑵の水、湯となりて花を蒸すがゆえ、花の露、上の茶碗にたまり、また、しただり落ちて薬鑵の縁へ流れ落つるを取る也。ふたの茶碗の上へ別の茶碗に水を入れ、のせおくべし。

なお、図を見て知るべし。いばらの花は色白く、四、五月の間に花さく也。

（蘭引を使わずに、花の露を作る方法　やかんに水を入れて、蓋を仰向けにし、蓋の中央部にいばらの花を乗せて、大きな茶碗をその上にかぶせて炭火にかける。やかんの水が湯となって花を蒸すので、花の露は上の茶碗の内側に溜まり、滴り落ちてやかんの縁に流れ落ちてくる。その露を取るのである。蓋の上の茶碗の上に、水を入れた別の茶碗を乗せておくこと。

なお、図をよく見て行うこと。いばらの花は白い色で、開花期は四、五月の間である）

いばら（野生のばらの総称）の花を蒸留した香りつきの水、つまり、ローズウォーターを、当時の人々は手作りしていました。しかも、現在のように人工の農薬は存在していなかったので、いわゆる有機栽培《オーガニック》のいばら。「きめを細かにし、顔の腫物をいやす」とあるように、ローズウォーターは古来西洋では皮膚疾患の治療にも使われてきました。日保《ひも》ちしないのが難点ですが、ローズウォーターを化粧水代わりに使っている方もいらっしゃるのではないでしょうか。また、やかんや茶碗といった、どこの家庭にもあるものを代用して作る方法が載せられている点も、この本が爆発的大ヒットになった理由だったのでしょうね。

図1 いばらの花
（撮影・栗原）

もしかすると「いばらの花なんて、どこで手に入れたの?」と疑問に思っている方もいらっしゃるでしょう。江戸の頃の日本は、世界的に知る人ぞ知る、園芸《ガーデニング》大国でした。各地に庭園が造園され、身分の上下を問わずして、人々が園芸に興じた時代でもありました。あさがお、つばき、きく、しゃくやく、ぼたん、なでしこ、はなしょうぶ、さくら、さくらそう、おもと、せっこく、ふくじゅそう、かえでなど、一大ブームを巻き起こした花、品種改良が盛んに行われた花木もあります。季節ごとに植木市が立ち、品評会や菊人形の展示会も催され、庭木や盆栽を愛でていたのです。数多くの浮世絵に、植木市で鉢植えを選んでいる人々の姿が描かれていることからも、園芸が庶民にとって一般的な趣味の一つであったことがうかがえます。また、自生種のいばら以外のばらの絵も各種存在しますので、人々は他の花同様、ばらも栽培していたのです。江戸の頃の香文化が発達したのも、このような香りや色・季節の匂いを愛でる園芸文化が根底にあったからでしょう。

花や緑に囲まれた生活を送っていた人々は、もちろん、各国と植物の貿易もしていました。日本から海外に渡ったものとしては、ゆり、きく、さつき、ふじ、はなしょうぶ、あじさい（あじさいは、シーボルトの妻たきの名から、おタキさんの草「オタクサ」として紹介されています）、れんぎょう、あおき、こうやまき、やまぶき、ゆきのした、そして、冬のばらと西洋社会で称《たた》えられたつばきなどが、反対に海外から日本に渡ってきたもののなかには、ハイビスカス、ジャスミン、カーネーション、サルビア、ダリア、クローバー（しろつめくさ）、フクシア、スイートピー、パンジー、コスモス、チューリップ、ヒヤシンスなどが有名です。西洋では、白いゆりは聖母マリアの象徴であるため、日本から輸入されたゆりは重宝され、のちに、真っ白なカサブランカをはじめとしたさまざまなゆりが生みだされました。また、さつきなどツツジ科のものからは、アザレア属のものが品種改良で生みだされています。それにしても、オーガニックコスメで肌や髪の手入れをしていたなんて、江戸の頃の人々は贅沢ですね。

　時が流れ、商品だけでなく、さまざまな国から人々が日本へやってくるようになると、それとともに香り文化も変化していきました。そうです、人と一緒に、それまでの日本にはなかった新しい香りが、日本の香りの記憶に刻まれはじめたのです。なかでも、西洋の香水は、度肝《どぎも》を抜くような鮮烈な印象を当時の人々に与えました。香《こう》の香りと香水の香りを思い浮かべていただくとわかりやすいかと思いますが、日本の伝統的な香りは、香りを拡散させる役割を持つアルコールが含まれていないため、西洋の香りに比べると、華やかさという点では劣っています。むせ返るほどの圧倒的な存在感を示す西洋の香りと違って、大人しく秘めやかという印象が強い日本の香り。西洋の香りが「薫りたつ」のに対し、日本は「匂いたつ」、といったところでしょうか。

　薫衣香や空薫物といった、「匂い」の演出に長《た》けていた香り文化のなかに鋭く切り込んできた西洋の香りを、人々はどう受けとめたのでしょうか。最後に、明治の頃の日本を席巻《せっけん》した西洋の甘い香りについてお話します。園芸好きの方なら同名の花をご存知でしょう。香水の名前は、「ヘリオトロープ」です。

ヘリオトロープとの出会い――新しい時代を象徴する香り

女は紙包みを懐《ふところ》へ入れた。その手を吾妻《あづま》コートから出した時、白い手帛《ハンケチ》を持っていた。鼻のところへあてて、三四郎を見ている。手帛をかぐ様子でもある。やがて、その手を不意に延ばした。手帛が三四郎の顔の前へ来た。鋭い香がぷんとする。
「ヘリオトロープ」と女が静かに言った。三四郎は思わず顔をあとへ引いた。ヘリオトロープの罎《びん》。四丁目の夕暮。迷羊（ストレイ・シープ）。迷羊（ストレイ・シープ）。空には高い日が明かに懸《かか》る。

これは、夏目漱石『三四郎』の一節です。三四郎と美禰子の別れを効果的に演出している香水「ヘリオトロープ」ですが、同名の植物はムラサキ科の常緑低木で、和名の「きだちるりそう」のとおり、初夏から初秋にかけて少し青みを帯びた濃い紫色の小さな花をたくさん咲かせます（図２）。その香りは、バニラのような甘さのなかにハーブ特有の清涼感のある、一度聞くと心に住みついて離れない香りです。そんな花の香りを模した香水「ヘリオトロー

図２ヘリオトロープ
（撮影・著者）

プ」は、明治の頃、日本へ輸入されました。その後、国産の香水「ヘリオトロープ」も作られ、ヘリオトロープという香りは、西洋文化への関心や物珍しさに湧いていた女性たちのあいだで、瞬《またた》く間《ま》に広がっていきました。現在も、ヘリオトロープは香水の香料としてなくてはならない存在です。この一節には「吾妻コート」とありますので、美禰子は「洋服地で作った道行《みちゆき》コート（着物用のコート）」を着物の上に羽織っていたのでしょう。美禰子がつけていたヘリオトロープは、香水のことなど何ひとつ知らない三四郎が以前、適当に美禰子に薦めたものですが、流行のファッションに身を包んだ都会的な美禰子に、図《はか》らずもぴったりの香りです。ちなみに、ヘリオトロープの花言葉は、「献身的な愛、永遠の愛」。『三四郎』のなかでは、この花言葉は一体何を想定しているのでしょうか。誰かに対する愛なのか、学問や芸術に対する情熱なのか、西洋へのあこがれか、はたまた、過ぎ去りし日々すべてに対する思慕なのか。この作品を読むたびに、いつも考えてしまいます。みなさんはどうお考えですか。

『三四郎』が発表された当時の日本は、明治という一つの時代が終わろうとしていた頃で、日清戦争、日露戦争と、大きな対外戦争も経験したあとでした。装《よそお》いが和装から洋装へと変わるとともに、髪型も男女ともに変化していきました。もちろん、変化は外見上のものだけではありませんでした。『三四郎』のなかにも、菊人形の記述があるように、新たな身分制の構築や旧制度の廃止など、既存の価値観や概念が次から次へと壊され、新しいものがそれに取って代わるなど、新旧さまざまなものが併存していた時代です。音楽や絵画、文学、学問ですら、変化していったのです。そんな新しい時代を象徴するように入ってきた西洋の香りは、ときにあこがれの存在であり、ときに己《おのれ》の立ち位置を惑わし、価値観を根底から覆すような回避したい存在だったと思われます。

古来、日本は新しい文化やモノに非常に寛容であり、既存の社会に合わないときはそれをアレンジしたうえで社会へ招き入れてきました。ときには、社会のほうが新しいものに寄り添い、変化していったことすらあります。それは、二十世紀から二十一世紀にかけての百年間を見てもわかります。和装から洋装へ、正座から椅子へ、魚や豆類、乾物から肉や乳製品へ、ぬか袋や米のとぎ汁から石鹸やシャンプーへ、手書きしていた手紙から音声で送受信するSNSへ、数世代同居から単身や核家族へ、そして新旧の職種の数々。もちろん、社会の変化は、技術革新だけでは起こりえません。技術革新に付随する新たな概念や価値観を認識、受容、咀嚼《そしゃく》し、それが既存の概念や価値観と混ざりあっていく、または塗りかえていくなかで起こるのです。何百年続いたものですら、短期間にして変化する。この寛容さと適応力こそが、島国でありながら日本をして他《た》に類《るい》をみない文化の多様性や方言の多さを生みださせたのであり、香り文化においては、常に時代を象徴する香りが生まれ、人々を魅了してきたのでしょう。

宗教とともに日本へ入ってきた香りは、聖なるものを可視化し、次《つ》いで空間を彩り、季節を華やかに演出し、色彩を操り、また、自己表現や教養として、美のかたちを変えていきました。混迷の時代になると、香りは理想郷をつくりあげ、人々の心を癒し、支え、奮い立たせ、自らの内面と向きあわせる手立てとなるとともに、自らの信じる道を突き進む際の道《みち》標《しるべ》となりました。さらに、経済が発展し、豊かさが社会に行きわたると、伽羅は香木でありながら、最上級をあらわす言葉として、権力や富の象徴として、使われるようになっていきました。そうして、日本独特の「匂い」の文化を余すところなく体現した香りは、今度は「西洋」という新たな側面を描きだし、概念の変革に挑戦しつつ、いまも人々の心に新しい風を起こし、風紋を描きつづけています。

香りは、目には見えませんが、その姿を香木、薫物、線香、香水などに変えながら、古来、日本の文化、日本の匂い、そして日本の心を体現しつづけてきました。原初のものから発展した香りは、ときには回帰しつつ昇華し、次の新しい段階へと常に進化しつづけています。香りや匂いをこの世からすべて消し去ることなど、もとより不可能なことです。だからこそ、私たちは香りに惹かれながらも、抗《あらが》い、屈し、そして挑みつづけているのかもしれません。

いつでも、どこにでも、どんなときにでも存在する香り。あなたの心のなかに、特別な香りの記憶はありますか。また、それはどんな風紋を描いていますか。

1　土井忠生、森田武、長南実（編訳）『邦訳日葡辞書』岩波書店、一九九五年（一九八〇年初版）。
2　『ヨーロッパ文化と日本文化』（岡田章雄訳注、岩波書店、一九九一年。文庫化に伴い、『日欧文化比較』より改題）の中で、フロイスは日本の香道や、日欧の香りの好みの違いについて記している。
3　「一五七七年八月十日（天正五年七月二六日）附、パードレ・ルイス・フロイスよりビシタドールのパードレ・アレッサンドロ・バリニャノに贈りし書翰」『耶蘇会士日本通信』下巻、雄松堂、一九七五年（一九二八年初版）。
4　近松門左衛門『十六夜物語』（一七五九年までの作と考えられている）。
5　作者未詳『吉原かゞみ』鱗型屋孫兵衛、一六六〇年（江戸吉原叢刊刊行会編『江戸吉原叢刊』巻一所収、八木書店、二〇一〇年）。
6　一両は三七・五グラム、一匁は三・七五グラム。
7　岩瀬百樹『歴世女装考』須原屋茂兵衛、一八五五年。
8　水雲子『難波雀』古本屋清左衛門、一六七九年。
9　『万買物調方記』一六九二年。
10　佐山半七丸『都風俗化粧伝』河南喜兵衛、一八一三年。

あとがき

甘い。酸っぱい。爽やか。華やか。重たい。軽い。水っぽい。粉っぽい。芳ばしい。

「香り、匂い」――この言葉から、なにを思い起こされますか。香水がお好きな方なら、華やかなジャスミンの香りの久邇《くに》香水や資生堂のホワイトローズ、ゲランの夜間飛行やジッキー、ナエマ、ジャンシャルル・ブロッソーのオンブルローズ、コティのシプレ、キャロンのネメクモア、ジャンデュプレのバラヴェルサイユ、サンタ・マリア・ノヴェッラなど、老舗《しにせ》香水ブランドの名前や商品名、もしくはフローラル、オリエンタル、ウッディと、お好みの香りの系統をあげられるかもしれません。香水はつけないけれど、シャンプーや制汗剤ならいつも決まった香りを使う、という方もいらっしゃるでしょう。洗濯をするときに柔軟剤を使っていらっしゃるのなら、テレビコマーシャルに登場する衣料用柔軟剤の名前や、キャッチフレーズかもしれませんし、「香りといえば、トイレ用芳香剤」という方なら、昔懐かしのトイレボールや金木犀《きんもくせい》の香りかもしれません。反対に、「無臭」を支持される方なら、歌の上手な男の子（青年？）のＣＭを思い浮かべられるのではないでしょうか。おうちにお仏壇を置いていらっしゃるなら、線香は日常の香りでしょう。

また、お日様の匂いや、朝・昼・夜の匂い、砂糖菓子の匂い、魚や肉の焼ける匂い、天花粉の香り、学校の土っぽい匂いなど、具体的な答えかもしれませんし、ほっとする香り、くつろげる香り、エレガントな香り、胸を締めつけるような香り、ウキウキする香り、背筋がピンと伸びるような香り、切なくなるような香り、どこか懐かしい香りと、抽象的な言葉で説明されるかもしれません。お好きな年中行事や香炉、聞香《もんこう》、源氏香、誰《た》が袖《そで》、松栄堂など、香《こう》から連想するものや社名を思い浮かべる方もいらっしゃるでしょうし、もしかしたら、香りのイメージにぴったりな、または、香りの思い出にまつわる場所や人物が心に浮かぶ方もいらっしゃるでしょう。一般に臭《くさ》いと嫌われる香りや匂い（「臭《にお》い」と書いたほうがいいでしょうか）、たとえば、一度食べればやみつきになりますが、独特の臭いゆえに敬遠される鮒《ふな》ずしやドリアン、ブルーチーズなどの食品、もしくは汚水や学校の雑巾などが最初に出てきた方もいらっしゃるでしょう（くさいにおいが気になる、知りたいという方もいらっしゃるとは思いますが、本書では勝手ながら割愛いたしました。紙面の都合というより、香《こう》や花の香りのほうが書いていて、たのしかったものですから……）。

香りは記憶と結びつきます。本書のなかでもご紹介しました、いわゆる「プルースト現象」

です。みなさんも、普段のくらしのなかでふと薫った香りに、懐かしい「なにか」を思いだされた経験をお持ちではないでしょうか。一瞬にして「そのとき」に時間が戻るような思い出や、微《かす》かながらも胸の奥がじんわりと温かくなるような、それでいて、少し浮き足立つような思い出、思わず笑みがこぼれるような、そんな思い出が大多数かと思われます。私にも思い出と結びついている香りがいくつかあります。

「学校」を例にあげるならば、校舎や運動場、体育館、講堂、保健室、職員室、給食、チョーク、制服、教科書、制汗剤、香りつきの消しゴムなど、記憶と結びついている香りはさまざまでしょう。私の場合は温室の香りです。むせかえるような緑いっぱいの水の匂いがすると、母校の高校にあった温室のことを思いだします。どなたかにお薦めできるような香りではありませんが、懐かしい香りです。正門横にあった古い温室で、ドアを開けるといつも緑と水の混ざりあった、あの独特な香りがしました。苔と湿気でほとんど曇っていたガラス張りの温室には、あちらこちらに蔓《つる》が伸び放題のラン科の植物が無造作に置かれていました。花はほとんど咲いておらず、たまに大きなハチが緑の世界を我が物顔で飛んでいました。硬く錆《さび》ついて、人ひとりが通れる程度にしか開かないドアに、ひび割れたガラス窓、ところどころに張られた大きなクモの巣。贔屓目《ひいきめ》に見ても決してきれいな温室ではありませんでしたが、休み時間になるとも何をするともなく、みんなと他愛のないおしゃべりをしながら、緑を指にからめてみたり、ただ眺めたりしていました。温室の近くにあった鯉池のモーターが、ときどき役割を思い出したかのようにブーンと響いていたのを覚えています。温室の記憶に連動して、木造本館校舎の講堂や木製の机・椅子、教室のあった別館のリノリウムの床や階段教室、学校の隣にある大きな公園のさくらの木々などの風景が、薄いヴェールを被《かぶ》ったような色合いで目の前にひろがっていきます。今では校舎は八階建ての鉄筋コンクリート造《づくり》になり、温室も取り壊され、私が通っていた当時とはすっかり変わってしまいました。格別な思い出というわけではありませんが、澱《よど》みなくおだやかな時間が流れていた頃の記憶が甦る、特別な香りです。

では、「家族」ならばどうでしょうか。化粧品やたばこ、整髪料、樟脳、線香など、家族のどなたかの愛用品の香りかもしれませんし、特定の料理の匂い、家族の仕事にまつわる香りかもしれません。もし、ペットを思い浮かべていらっしゃるなら、ペットの体臭かもしれませんし、ペットのお気に入りのご飯の匂いかもしれませんね。「家族」と聞いて、私が真っ先に思い起こすのは、母が愛用していた香水の香りです。苔とバラと桃の香りが絶妙に調合されており、発売後百年が経ったいまでも世界的な名香と謳《うた》われています。現在はドラッグストアやコンビニエンスストア、インターネットなどで世界中の香水が簡単に手に入りますが、少なくとも私がランドセルを背負っていた頃までは、香水といえば、デパートやブティックなど、ごく一部だけで販売されているものでした。ディオールのプワゾンやジバンシーのプチサンボンが世に出るまでは、日本では香水をつけていらっしゃる方も非常に少なかったと記憶しています。空薫物の名残でしょうか、香りは空間や場所、行事、季節に存在するものだったように思えます。そのせいか、香水はとてもエレガントな存在で、外出時に母があの香水をつけるのを見るたび、胸が高鳴りました。ハートを逆さまにしたような形の蓋がついている香水瓶をそっと指でなぞるだけで、少し大人になったような気持ちにさえなりました。あの薄い黄金色の液体は魔法そのもの。私にとって、いまでも理想の、完璧な香りです。ジャケットやブラウス、ハンカチに香《こう》を焚き染《し》めたり、香水をシュッと一吹きしたりしている母を見ては、「いつかきっと、私も大人になったら……」とあこがれを抱《いだ》いていたのを覚えています。あの香りがするたび、幼い頃の未来へのあこがれやキラキラした思いが甦り、面映《おもは》ゆくなります。

そして、香りというより、グラデーションや雰囲気という意味合いをもつ「匂い」。同じような場面に遭遇するとふと記憶が甦える、そんな特別な匂いもみなさん、それぞれお持ちでしょう。大事な取引や試験の直前の張りつめた空気の匂い、親しくなれそうな人に出会ったときの匂い、初めて来た場所で感じる懐かしい匂い、もう二度と逢えないと予感させるときの匂い……私は夕暮れ時《どき》に立ちこめる蒼《あお》い靄《もや》の「匂い」を感じると、ある植物園を歩いていらっしゃった方の姿を思い起こします。その歩き姿がほかの方にくらべて格別に風変わりだったわけでも、ずば抜けて所作が優雅だったわけでも、植物園の匂いが特別だったわけでもありませんでした（よくある、少し水っぽい緑の匂いでした）。園内の小道いっぱいに敷きつめられた砂利を大股で踏みしめながら、時折、つま先で愛《いと》おしそうに小石をそっと転がしている姿は、ただ、とてもたのしそうでした。見ているこちらまでワクワクするような、全身からよろこびが溢れでているその姿に、私の心の琴線はおおきく揺れうごきました。小説の舞台になったこともある有名な植物園だったからでしょうか、想像していた以上に大きな植物園だったからでしょうか、夕暮れの蒼い靄がどこか神秘的な雰囲気を醸《かも》しだしていたからでしょうか、その方が本草学の研究をされていたからでしょうか、それとも、その姿が植物園の風景にあまりにも自然に溶け込んでいたからでしょうか。普段は物静かな男の子が、大好きな植物園で少しはしゃぎながら、緑や花をたのしんでいる。私にはそう感じられました。ほかの方々がヤシの木を観に足早に歩いたり、集合時間まで談笑したりしているなか、ただお一人だけ、緑の空間を心から満喫されている雰囲気で、まるで、植物もその方の来訪をよろこび、我先《われさき》にと競いあって話しかけているようでもありました。そんな方と知りあえたことがうれしくも誇らしくもあり、同時に、全身の毛が逆立ち、眩暈がするような激しい嫉妬すら覚えました。何歳になっても研究で世界中を飛びまわり、研究を心からたのしんでいらっしゃる姿は羨ましいかぎりで、私の目標となりました。夏の明るく焼けつくような赤銅色の夕焼けがだんだんと色褪《いろあ》せてうすい藤色から紺色へと変わっていくとき、道端に咲いている草花が風に揺れるのを目にしたとき、花粉をからだいっぱいにつけて蜜を吸っているちいさな蜂をファインダー越《ご》しにじっと見つめているとき、蒼《あお》い靄《もや》の匂いとともにあの姿がぽっと心に浮かびます。うれしさと照れくささで笑みが溢《こぼ》れるとともに、焦らず、私らしい方法で頑張ってみようと気持ちが引き締まります。

香りとともに甦える思い出は、ときには細部までも至極《しごく》鮮明であり、また、ときには靄《もや》がかかったように淡くもどかしいほどです。しかも、香りが薄くなっていくにつれて、掌《てのひら》から砂が零《こぼ》れ落ちていくように、思い出も過去へと戻っていく。無理だとわかっているのに、自分の方へぐっと手繰《たぐ》りよせて、いつまでもずっとそばに置いておきたくなることすらあります。薫りたつ時間はほんの一瞬、つねに時間は流れていく。過去へは戻りたくても戻れないからこそ、わたしたちは遠い彼方に想いを馳《は》せ、思い出の「匂い」に酔いしれるのかもしれません。

同じ香りでも、聞くひとが男性なのか、女性なのか、年配の方なのか、年若い方なのか、住んでいる地域によっても、好みも感じかたもすべてが変わります。もちろん、季節や体調、時間帯によって、また過去と現在、未来でも変わるのです。香りの性質を表わす、アジアでの基本要素である五味（辛《しん》・甘《かん》・酸《さん》・鹹《かん》・苦《く》）の強弱はもちろん、香りを聞いて抱《いだ》くイメージも、まるで万華鏡のようにひとつとして同じものはありません。万華鏡で同じ文様を見つけだすのがとてもむずかしいように、まったく同じイメージの香りを見つけだすことは、とても困難です。香りは、イメージとともに、心に記憶されます。その記憶も、普段はほかの雑多なものにまぎれて意識されることはありません。しかし、なにかの拍子《ひょうし》に香りという風が吹きぬけるや、香りの記憶がイメージとして甦えるのです。「匂い」は、「雰囲気」や「余韻」をふくめた香りだともお話ししましたが、どの香りも聞いた瞬間、匂いになるともいえるでしょう。それぞれの経験をふまえて、イメージとして香りを捉える。だからこそ、香りの記憶は十人十色、どこまでも無限であり、夢幻のものとして人々を魅了しつづけるのだと思います。

本書では、それぞれの香りは私のイメージを中心に書かせていただきましたので、違和感を覚えたという方がいらっしゃったかもしれませんが、新しいイメージとして、たのしんでいただけましたら幸いです。

六種の薫物の一つである黒方の香りを、私は真冬の夜のイメージだと感じていますが、ある方は風鈴のようだと感じられたそうです。決して自《みず》らすすんで主張することはないけれど、でもたしかにそこにある。風が吹いてはじめて、「あぁ、風鈴の音がきこえる」と感じる。けれど、風鈴自体は鳴らないし、風がない日もそこにある。また、水の流れにうまれる渦は水である、けれど、渦として存在し、渦になっているとき以外の渦は、姿は見えないものの、ほかの水と一緒に水として流れのなかに存在している。そんなイメージを話してくださいました。黒方は儀式にも好んで用いられたと本書でもお話ししましたが、「特別なときにしか姿をみることはできないが、たしかにそこにある」というイメージは、儀式や聖なるものの存在でもあり、香りそのもの（「にほひ」と言ったほうがいいかもしれません）を言いあてていらっしゃいました。風鈴のようだとの表現にも衝撃を受けましたが、同時に、香りの奥深さにあらためて気づかせていただきました。香りの記憶がたくさん欲しくなるのも、すべての香りの記憶を手にいれることはできないとわかっているからこそかもしれませんね。

最後になりましたが、本書を書きあげるために、香《こう》を聞いてくださったり、香りにまつわる場所や人物、（ご家族には「絶対に」秘密だという独身時代の）すてきな思い出をうち明けてくださったり、ときにはお忙しいなか執筆途中の原稿に目を通してくださったり、また香料の基原植物を見学させてくださったり、研究者仲間を紹介してくださったり、日本にはない伝統的な香りを教えてくださったり、日本の香《こう》文化のイメージを熱心に語ってくださったり、君ならできると叱咤激励してくださったりと、たくさんの方々にご助言、ご協力を頂戴しました。大阪大学の皆さま、株式会社栃本天海堂の皆さま、京都薬科大学薬用植物園の皆さま、武田薬品株式会社京都薬用植物園の皆さま、日本新薬株式会社山科植物資料館の皆さま、私の母校の皆さま、友人、家族、そして、すてきな装幀をしてくださいました遠藤正二郎さま、脱稿までの長い時間をただただ、じっと耐えに耐えてお待ち下さいました大阪大学出版会の栗原佐智子さま、皆々さまに心より感謝、御礼申し上げます。

おおきに、ありがとうございました。

内野 花（うちの・はな）
大阪大学COデザインセンター招へい教員
1979年生まれ。関西大学卒業。博士（文学）。専門は医薬文化史、被膜児伝説研究および女性文化史。学芸員資格をもち、その関連業務や高等学校の講師を経て、2011年から大阪大学コミュニケーション・デザインセンターで特任講師として勤務。Handai-Asahi 中之島講座や大阪大学×大阪ガス「アカデミクッキング」などにも登壇。2016年招へい研究員を経て、2017年から現職。キツネとネコ科動物をこよなく愛す。趣味は、植物の写真撮影と美術館巡り。

阪大リーブル68

日本を彩る香りの記憶

発行日　2019年1月15日　初刷第1刷発行　［検印廃止］
著　者　内野　花
装　幀　遠藤正二郎
発行所　大阪大学出版会
代表者　三成　賢次
〒565-0871
大阪府吹田市山田丘2-7　大阪大学ウエストフロント
電話：06-6877-1614（直通）　FAX:06-6877-1617
URL　http://www.osaka-up.or.jp
印刷・製本　株式会社 チューエツ

ISBN 978-4-87259-636-6　C1320

HANDAI Live

阪大リーブル

001 ピアノはいつピアノになったか？ （付録CD「歴史的ピアノの音」） 伊東信宏 編 定価 本体1700円+税

002 日本文学 二重の顔 〈成る〉ことの詩学へ 荒木浩 著 定価 本体2000円+税

003 超高齢社会は高齢者が支える 年齢差別《エイジズム》を超えて創造的老い《プロダクティブエイジング》へ 藤田綾子 著 定価 本体1600円+税

004 ドイツ文化史への招待 芸術と社会のあいだ 三谷研爾 編 定価 本体2000円+税

005 猫に紅茶を 生活に刻まれたオーストラリアの歴史 藤川隆男 著 定価 本体1700円+税

006 失われた風景を求めて 災害と復興、そして景観 鳴海邦碩・小浦久子 著 定価 本体1800円+税

007 医学がヒーローであった頃 ポリオとの闘いにみるアメリカと日本 小野啓郎 著 定価 本体1700円+税

008 歴史学のフロンティア 地域から問い直す国民国家史観 秋田茂・桃木至朗 編 定価 本体2000円+税

009 懐徳堂 墨の道 印の宇宙 懐徳堂の美と学問 湯浅邦弘 著 定価 本体1700円+税

010 ロシア 祈りの大地 津久井定雄・有宗昌子 編 定価 本体2100円+税

011 懐徳堂 江戸時代の親孝行 湯浅邦弘 編著 定価 本体1800円+税

012 能苑逍遥(上) 世阿弥を歩く 天野文雄 著 定価 本体2100円+税

013 わかる歴史・面白い歴史・役に立つ歴史 歴史学と歴史教育の再生をめざして 桃木至朗 著 定価 本体2000円+税

014 芸術と福祉 アーティストとしての人間 藤田治彦 編 定価 本体2200円+税

015 主婦になったパリのブルジョワ女性たち 一〇〇年前の新聞・雑誌から読み解く 松田祐子 著 定価 本体2100円+税

016 医療技術と器具の社会史 聴診器と顕微鏡をめぐる文化 山中浩司 著 定価 本体2200円+税

017 能苑逍遥(中) 能という演劇を歩く 天野文雄 著 定価 本体2100円+税

018 太陽光が育くむ地球のエネルギー 光合成から光発電へ 濱川圭弘・太和田善久 編著 定価 本体1600円+税

019 能苑逍遥(下) 能の歴史を歩く 天野文雄 著 定価 本体2100円+税

020 懐徳堂 市民大学の誕生 大坂学問所懐徳堂の再興 竹田健二 著 定価 本体2000円+税

021 古代語の謎を解く 蜂矢真郷 著 定価 本体2300円+税

022 地球人として誇れる日本をめざして 日米関係からの洞察と提言 松田武 著 定価 本体1800円+税

023 フランス表象文化史 美のモニュメント 和田章男 著 定価 本体2000円+税

024 懐徳堂 漢学と洋学 伝統と新知識のはざまで 岸田知子 著 定価 本体1700円+税

025 ベルリン・歴史の旅 都市空間に刻まれた変容の歴史 平田達治 著 定価 本体2200円+税

026 下痢、ストレスは腸にくる 石蔵文信 著 定価 本体1300円+税

027 セルフメディケーションのための くすりの話 那須正夫 著 定価 本体1100円+税

028 格差をこえる学校づくり 関西の挑戦 志水宏吉 編 定価 本体2000円+税

029 リン資源枯渇危機とはなにか リンはいのちの元素 大竹久夫 編著 定価 本体1700円+税

030 実況《ライブ》・料理生物学 小倉明彦 著 定価 本体1700円+税

- 031 **夫 源 病** こんなアタシに誰がした 石蔵文信 著 定価 本体1300円+税
- 032 **ああ、誰がシャガールを理解したでしょうか？** 二つの世界間を生き延びたイディッシュ文化の末裔 圀府寺司 編著 CD付 定価 本体2000円+税
- 033 懐徳堂 **懐徳堂ゆかりの絵画** 奥平俊六 編著 定価 本体2000円+税
- 034 **試練と成熟** 自己変容の哲学 中岡成文 著 定価 本体1900円+税
- 035 **ひとり親家庭を支援するために** その現実から支援策を学ぶ 神原文子 編著 定価 本体1900円+税
- 036 **知財インテリジェンス** 知識経済社会を生き抜く基本教養 玉井誠一郎 著 定価 本体2000円+税
- 037 **幕末鼓笛隊** 土着化する西洋音楽 奥中康人 著 定価 本体1900円+税
- 038 **ヨーゼフ・ラスカと宝塚交響楽団** （付録ＣＤ「ヨーゼフ・ラスカの音楽」） 根岸一美 著 定価 本体2000円+税
- 039 **上田秋成** 絆としての文芸 飯倉洋一 著 定価 本体2000円+税
- 040 **フランス児童文学のファンタジー** 石澤小枝子・高岡厚子・竹田順子 著 定価 本体2200円+税

- 041 **東アジア新世紀** リゾーム型システムの生成 河森正人 著 定価 本体1900円+税
- 042 **芸術と脳** 絵画と文学、時間と空間の脳科学 近藤寿人 編 定価 本体2200円+税
- 043 **グローバル社会のコミュニティ防災** 多文化共生のさきに 吉富志津代 著 定価 本体1700円+税
- 044 **グローバルヒストリーと帝国** 秋田茂・桃木至朗 編 定価 本体2100円+税
- 045 **屏風をひらくとき** どこからでも読める日本絵画史入門 奥平俊六 著 定価 本体2100円+税
- 046 **アメリカ文化のサプリメント** 多面国家のイメージと現実 森岡裕一 著 定価 本体2100円+税
- 047 **ヘラクレスは繰り返し現われる** 夢と不安のギリシア神話 内田次信 著 定価 本体1800円+税
- 048 **アーカイブ・ボランティア** 国内の被災地で、そして海外の難民資料を 大西 愛 編 定価 本体1700円+税
- 049 **サッカーボールひとつで社会を変える** スポーツを通じた社会開発の現場から 岡田千あき 著 定価 本体2000円+税
- 050 **女たちの満洲** 多民族空間を生きて 生田美智子 編 定価 本体2100円+税

- 051 **隕石でわかる宇宙惑星科学** 松田准一 著 定価 本体1600円+税
- 052 **むかしの家に学ぶ** 登録文化財からの発信 畑田耕一 編著 定価 本体1600円+税
- 053 **奇想天外だから史実** 天神伝承を読み解く 髙島幸次 著 定価 本体1800円+税
- 054 **とまどう男たち—生き方編** 伊藤公雄・山中浩司 編著 定価 本体1600円+税
- 055 **とまどう男たち—死に方編** 大村英昭・山中浩司 編著 定価 本体1500円+税
- 056 **グローバルヒストリーと戦争** 秋田茂・桃木至朗 編著 定価 本体2300円+税
- 057 **世阿弥を学び、世阿弥に学ぶ** 大槻文藏監修 天野文雄 編集 定価 本体2300円+税
- 058 **古代語の謎を解く II** 蜂矢真郷 著 定価 本体2100円+税
- 059 **地震・火山や生物でわかる地球の科学** 松田准一 著 定価 本体1600円+税
- 060 **こう読めば面白い！フランス流日本文学** —子規から太宰まで— 柏木隆雄 著 定価 本体2100円+税

061
歯周病なんか怖くない
歯学部教授が書いたやさしい歯と歯ぐきの本
村上伸也 編
定価 本体1300円+税

062
みんなの体をまもる免疫学のはなし
対話で学ぶ役立つ講義
坂野上淳 著
定価 本体1600円+税

063
フランスの歌いつがれる子ども歌
石澤小枝子・高岡厚子・竹田順子 著
定価 本体1800円+税

064
黄砂の越境マネジメント
黄土・植林・援助を問いなおす
深尾葉子 著
定価 本体2300円+税

065
古墳時代に魅せられて
都出比呂志 著
定価 本体1700円+税

066
「羅生門」の世界と芥川文学
清水康次 著
定価 本体2000円+税

067
心と身体のあいだ
ユング派の類心的イマジネーションが開く視界《ヴィジョン》
老松克博 著
定価 本体1900円+税

（四六判並製カバー装。定価は本体価格＋税。以下続刊）

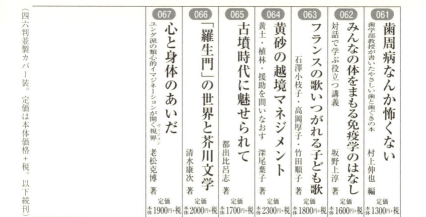